# LE

# MAGNÉTISME ANIMAL

## DEVANT LES SAVANTS

BORDEAUX. IMPRIMERIE DE M$^{me}$ V$^{e}$ CRUGY,

16, rue et hôtel Saint-Siméon.

LE

# MAGNÉTISME ANIMAL

## DEVANT LES SAVANTS
## DEVANT LE RAISONNEMENT
## DEVANT LES FAITS

par

CH. RABACHE

*Cercando il vero.*

I

## DEVANT LES SAVANTS

BORDEAUX

FERET FILS, LIBRAIRE-ÉDITEUR

15, fossés de l'Intendance

1854

Notre livre était déjà sous presse et fort avancé, lorsque la mort est venue frapper l'illustre savant François Arago. Notre auteur, en s'adressant à l'auteur de la Biographie de Bailly, pouvait espérer une réponse qui, malgré cette perte immense et à jamais regrettable pour la science, ne doit pas lui faire défaut. Il est encore des savants consciencieux qui recherchent partout et toujours la vérité : c'est à eux tous que s'adresse l'auteur du *Magnétisme devant les Savants*.

( NOTE DE L'ÉDITEUR. )

# J. SAINT-RIEUL-DUPOUY.

A vous, Monsieur, zélé champion de toutes les vérités utiles ; — à vous, dont l'intelligence et le talent n'ont jamais fait défaut à la science ; — à vous, enfin, qui, dédaignant les sarcasmes de l'ignorance, n'hésitez pas à exposer, devant un public encore inéclairé, une réputation honorable d'écrivain consciencieux, et osez fronder impitoyablement ses vieux préjugés et son aveugle routine ; — à vous, Monsieur, à vous ces lignes.

Vous seul, Monsieur, êtes la cause que je les ai

écrites. Sans vous, jamais je n'eusse consenti à exposer publiquement une conviction acquise par le temps et que chaque jour l'expérience confirme. N'ai-je pas déjà trop appris qu'une telle conviction n'est propre qu'à attirer sur ceux qui la possèdent les niaises risées et les sots quolibets des prétendus esprits forts de nos jours? gens, d'ailleurs, qui n'ont peut-être que le tort de n'avoir pas conscience de leur cécité intellectuelle.

Vous seul m'avez engagé à tout braver pour soutenir une vérité et contribuer à la faire, s'il se peut, sortir de son puits. Seul, donc, vous avez droit à la dédicace de mon essai. Je n'examine pas s'il est digne de vous; je ne vois qu'un hommage à vous faire d'un travail qui, quel qu'il soit, vous doit l'existence.

Puisse la conviction qui m'anime arriver jusqu'à vous! Puissent les preuves que je vous ai données, celles que j'aurai l'occasion de vous donner encore, fortifier en vous la volonté d'approfondir une science encore si jeune malgré son grand âge!

Puisse, enfin, ce que vous avez vu, ce que vous

connaissez du magnétisme animal, vous inspirer
en sa faveur quelques-unes de ces belles pages que
vous tracez en maître dès que vous êtes convaincu
d'une vérité utile au genre humain !

Puissiez-vous accepter cette dédicace avec le
même sentiment qui me guide en vous l'adressant,
et me permettre de me dire,

MONSIEUR,

Votre tout dévoué,

Ch. RABACHE.

# INTRODUCTION.

Rien de plus difficile à faire accepter qu'une vérité.
Lorsque nos ancêtres disaient que « cette déesse habite
dans un puits, » ils avaient incontestablement raison.
Seulement, pour que leur apologue fût complètement
exact, il faudrait qu'on pût l'en faire sortir avec autant de facilité que du puits on extrait l'eau ; malheureusement, ce moyen si simple n'est pas encore, ne
sera peut-être jamais trouvé. Ce n'est qu'avec une per-
sévérance inouïe et de tous les instants, que par des
combats incessants et à force inégale, et que soutenus
d'une foi inébranlable, que les néophytes d'une idée
neuve peuvent espérer de triompher de l'ignorance,
des préjugés et de la routine, surtout quand ceux-ci
se trouvent soutenus par les intérêts matériels, les
plus grands de tous les antagonistes ; et, souvent, ce
n'est qu'après la mort des novateurs que leur découverte enfin acceptée fait rendre à leur mémoire les

honneurs qui leur furent obstinément refusés de leur vivant.

Du nombre des vérités que l'on repousse se trouve LE MAGNÉTISME ANIMAL. Depuis l'apparition de MESMER, le premier qui convertit publiquement en pratique l'emploi d'un élément naturel existant de toute éternité, cette découverte en est toujours à l'état de militante infériorité, laquelle ne paraît pas à la veille de cesser encore, malgré les innombrables preuves fournies de sa réalité.

Que si cette science nouvelle, au lieu d'avoir été, ainsi qu'il est d'usage en France, soumise à l'examen des corps savants, qui en réalité savent peu, ne découvrent ni n'inventent rien, eût été soumise simplement à l'appréciation de ce quelqu'un dont Voltaire disait qu'il avait plus d'esprit que lui, c'est-à-dire à tout le monde, elle serait plus avancée de près d'un siècle. Mais nous avons encore une foi profonde dans le jugement des sociétés savantes; et s'il arrive quelquefois à ces dernières de sortir momentanément de leur léthargie ordinaire pour dire : « *La terre ne tourne pas,* » le public, les yeux ouverts, la bouche béante et l'oreille tendue, écoute, entend, et croit à leurs oracles, ce qui n'empêche heureusement pas les Galilées modernes de dire avec leur prédécesseur : « *E pur si* » *muove !* »

Enfin pourtant, — et c'est ce qui m'encourage, — quelques-uns de ces hommes considérés en France comme savants se sont, vers la fin de l'année dernière, décidés à admettre *la possibilité* de l'existence du sommeil magnétique et du somnambulisme artificiel. L'Académie des Sciences morales et politiques a offert un prix à l'auteur du meilleur ouvrage *sur les différents sommeils et somnambulismes, leurs effets sur l'organisme,* etc., etc. C'est un pas de fait; et, de même qu'un ruban, une fois pris dans un engrenage, doit nécessairement, et par la force du mouvement, y passer tout entier, de même le magnétisme, une fois admis dans la sphère de la possibilité, passera par l'engrenage scientifique jusqu'à ses dernières limites, limites aujourd'hui encore fort restreintes, mais devant avec le temps s'étendre sans mesure.

C'est de cette science, encore nouvelle malgré son âge, que j'ai le désir d'entretenir le lecteur dans un petit travail que j'essaierai de rendre attrayant. Mes efforts tendront à démontrer d'une façon irrécusable l'existence positive de ce je ne sais quoi, encore mal nommé, parce qu'il n'est pas assez connu. Qu'on ne s'attende pas toutefois à y trouver une histoire complète du magnétisme : cela dépasserait les bornes que je me suis posées, et puis ce serait abuser inutilement des moments des lecteurs. Il suffit, en effet, à la plupart d'entre eux de savoir si le magnétisme *est ou n'est pas; s'il est neutre, ou produit des effets; si ces effets sont pernicieux et nuisibles, ou salutaires et utiles.* C'est le plan que je me suis proposé; heureux si je puis réussir auprès de quelques-uns.

Dans une première partie, que je commencerai à l'époque du fameux rapport académique (1784), je ferai l'examen critique de ce rapport, d'où je me flatte de faire ressortir les preuves les plus évidentes des faits qu'il nie dans ses conclusions : ce sera le fondement sur lequel reposera tout l'édifice de ma dissertation.

Dans la seconde partie, je m'emparerai de tous les

raisonnements les plus puissants jusqu'ici émis sur la question, et j'essaierai de faire ressortir la preuve évidente qu'il n'y a que l'absence de logique, l'idée méconnue, le préjugé, la routine, enfin le manque de raisonnement, qui puissent nier l'existence des faits et, par conséquent, de leur cause. J'y signalerai la découverte ou plutôt la résurrection du somnambulisme par de Puységur, qui a fait faire à cette science un pas immense de nos jours.

Dans la troisième partie enfin, j'aborderai les faits. Je citerai les plus curieux parmi ceux que j'ai observés moi-même dans le cours de ma carrière magnétique, qui date de plus de quinze années; j'aurai soin de ne citer que ceux de ces faits dont je puis chaque jour renouveler la production, de manière à pouvoir répondre à mes contradicteurs, si j'en trouve, par des preuves évidentes. « *Rien*, a dit Pascal, *n'est plus brutal qu'un fait.* » Eh bien! c'est par cet argument *brutal* que je me propose de répondre toujours à mes adversaires, si tant est qu'il s'en présente de vraiment sérieux et dignes de ce nom.

Cette partie sera aussi consacrée aux expériences magnétiques, à la constatation de faits curieux de guérisons opérées depuis longtemps déjà, à recueillir les faits nouveaux, ceux surtout qu'auront pu provoquer les sceptiques, et que je produirai toujours publiquement; j'y constaterai, dans les limites de mes connaissances, les progrès de cette science, qu'il ne dépendra pas de moi de populariser par tous les moyens à ma disposition.

A ceux qui pourraient avoir des doutes sur le mobile qui me dirige, je crois devoir apprendre d'avance que

je ne suis pas *magnétiseur de profession*, mais bien *amateur*, et ne faisant de magnétisme que pour mon in-
struction, c'est-à-dire mon plaisir, et pour être utile,
soit en formant des prosélytes, soit en venant au secours de l'art ou de la science, alors que ces derniers
sont impuissants. En un mot, ce n'est pas de ma part
une spéculation; je ne reçois aucun émolument ni aucune rémunération pour mes expérimentations, et
toutes mes démonstrations sont gratuites. Je ne demande pas même de réputation; car, si ce n'était la loi
qui force à signer ses écrits, le lecteur ne verrait pas
mon nom au bout de ce travail, non que je recule devant la responsabilité qui en ressort, mais par simple
abnégation. L'objet unique de ma pensée en cette circonstance, c'est de prouver l'existence du magnétisme
et son utilité.

---

# PREMIÈRE PARTIE

# LE
# MAGNÉTISME ANIMAL

## DEVANT LES SAVANTS.

———— ⚬ ————

Ce fut le 12 mars 1784 qu'une commission fut nommée par le roi pour examiner la question du magnétisme, soulevée par Mesmer et ses adeptes. Cette commission se composait d'abord des médecins Borie, Sallin, J. Darcet et Guillotin. Ce fut sur leur demande qu'on leur adjoignit cinq membres de l'Académie des Sciences : B. Franklin, Le Roy, S. Bailly, de Bory et Lavoisier. Borie étant mort dès le commencement du travail de la commission, le roi nomma Majault, docteur de la Faculté, pour le remplacer. Le rapport de cette commission fut rédigé par Bailly. C'est un document fort étendu, très-délayé, et dans lequel l'auteur cherche à noyer dans son beau style, comme dans l'eau limpide d'une fontaine, le sujet à la recherche duquel il prétend s'attacher. Si le style y est brillant, la mauvaise foi n'y est pas moins étincelante; et, par malheur pour sa mémoire, l'absence de logique à laquelle il fut forcé de recourir, démontre, jusqu'à la plus entière évidence, que la conclusion est diamétralement opposée aux faits constatés dans le rapport lui-même.

Il n'y a que quelques jours qu'un savant de premier ordre écrivait l'éloge de BAILLY. J'étais anxieux d'apprendre ce que le célèbre secrétaire perpétuel de l'Académie allait dire sur ce fameux rapport, lui qui a toute sa vie été un obstacle vivant et des plus inébranlables à la propagation du magnétisme. La logique voulait, en effet, ou que M. ARAGO condamnât BAILLY en admettant l'existence du magnétisme, ou qu'il le louât en condamnant MESMER. Mais y songez-vous, lecteurs? Condamner BAILLY dont M. ARAGO a toujours partagé l'opinion, c'était condamner M. ARAGO lui-même; or, le suicide est un crime. D'un autre côté, nier l'existence du magnétisme, à présent qu'il est si évidemment prouvé, c'était heurter de front une vérité patente. On n'est pas secrétaire perpétuel de l'Académie pour rien, et l'on sait, à l'occasion, se bien tirer d'un mauvais pas. Or, que fit M. ARAGO? C'est fort ingénieux; le voici : Il dit que la commission de 1784 n'avait eu à juger que le système de MESMER, évidemment faux, et que, par conséquent, le rapport était juste dans ses conclusions; mais que, sans doute, aujourd'hui que le magnétisme est plus avancé, BAILLY ne dirait plus la même chose. On admire cette logique. Une commission est nommée pour examiner le système de MESMER. Mais qu'était-ce que ce système? *Le magnétisme*, quels que soient d'ailleurs les moyens de le produire. Que dit cette commission? Dit-elle : *Les moyens* de MESMER sont défectueux? Non; elle dit *que rien ne prouve l'existence du fluide magnétique, et que ce fluide sans existence est sans utilité.* Or donc, *ce n'est pas le système Mesmer* que l'on juge, *c'est le magnétisme.* Eh bien! monsieur ARAGO, j'admets que le rapport que vous approuvez soit ce qu'il devait être; alors, en conformité des conclusions, le magnétisme est oublié de tous, puisqu'il est condamné par les savants; il est mort; il ne progressera donc pas, et n'arrivera pas au point de faire dire, en 1852, à votre éloquent éloge, que les temps sont changés, qu'il y a eu progrès! Oui, il y a eu progrès; mais ce progrès, c'est la gloire des magnétiseurs, c'est votre honte, messieurs de l'Académie, car c'est malgré vous, et malgré toutes les ressources dont vous disposez et que vous avez employées contre eux, qu'ils sont parvenus à tirer du chaos un lambeau de cette vérité.

Avant d'en finir avec vous, monsieur ARAGO, permettez-moi de vous demander si c'est par erreur ou avec calcul que vous avez avoué que la commission de 1784 n'avait à juger que le système de MESMER et non le magnétisme. Si c'est par erreur, sortie de votre plume, une semblable erreur est une faute; si c'est par calcul, je n'ai rien à en dire. Eh quoi! c'est MESMER que l'on juge, et c'est chez Deslon que l'on expérimente sans consulter MESMER! Deslon, ancien adepte, publiquement répudié par MESMER! George Dandin jugeait en dormant, mais au moins il avait ses justiciables à sa barre; la commission trouve plus commode d'en agir autrement. Que diriez-vous d'une commission de mé-

decins que l'on appellerait pour juger d'une maladie,
et qui, au lieu de se rendre au lit du malade, irait
diagnostiquer sur le pouls de son voisin en bonne santé?
Et voilà pourtant ce que vous approuvez, monsieur
ARAGO! C'est qu'aussi il était cruel d'écrire : — BAILLY
a eu tort; ce tort je l'ai partagé pendant cinquante ans,
et ce que j'ai de mieux à faire, c'est d'avouer que j'ai,
pour ma part, retardé d'un demi-siècle une vérité fé-
conde en résultats. — Où trouverez-vous des hommes
d'une trempe assez philosophique pour cela? Je doute
que ce soit à l'Académie.

Laissons là l'éloge de BAILLY, et revenons au rapport
de la commission. Pour beaucoup de lecteurs, ce document est fort curieux; mais son étendue ne permet pas
de lui donner place ici *in extenso*. Je me contenterai
d'y renvoyer les personnes que ce sujet intéresse, et
n'en citerai en entier que les conclusions. Pour le reste,
j'y puiserai çà et là les points contradictoires et illogi-
ques, afin de démontrer toute leur partialité; car, ne
l'oublions pas, c'est à cette partialité jusqu'ici inexpli-
quée que l'on doit l'espèce de somnolence dans laquelle
la science est restée depuis soixante-dix ans. Voici les
conclusions du rapport :

« Les commissaires ayant reconnu que ce fluide ma-
» gnétique animal ne peut être perçu par aucun de nos
» sens, qu'il n'a eu aucune action ni sur eux-mêmes,
» ni sur les malades qu'ils lui ont soumis; s'étant as-
» surés que les pressions et les attouchements occa-
» sionnent des changements rarement favorables dans
» l'économie animale et des ébranlements toujours fâ-
» cheux dans l'imagination; ayant enfin démontré, par
» des expériences décisives, que l'imagination sans ma-

» gnétisme produit des convulsions, et que le magné-
» tisme sans imagination ne produit rien, ils ont con-
» clu d'une voix unanime, sur la question de l'exis-
» tence et de l'utilité du magnétisme, que rien ne
» prouve l'existence d'un fluide magnétique animal ;
» que ce fluide sans existence est par conséquent sans
» utilité ; que les violents effets que l'on observe au
» traitement public appartiennent à l'attouchement, à
» l'imagination mise en action, et à cette imagination
» machinale qui nous porte, malgré nous, à répéter
» ce qui frappe nos sens ; et en même temps ils se
» croient obligés d'ajouter, comme une observation
» importante, que les attouchements, l'action répétée
» de l'imagination pour produire des crises, peuvent
» être nuisibles ; que le spectacle de ces crises est éga-
» lement dangereux, à cause de cette imitation dont
» la nature semble nous avoir fait une loi, et que, par
» conséquent, tout traitement public où les moyens
» du magnétisme seront employés ne peut avoir à la
» longue que des effets funestes.

» A Paris, ce 11 août 1784.

» *Signé :* B. Franklin, Majault, Le Roy, Sallin,
» Bailly, Darcet, de Bory, Guillotin, Lavoisier. »

Tel est le résumé de ce rapport, qui deviendra de
plus en plus célèbre à mesure que l'erreur qu'il con-
sacre se dissipera. Tel est cet ingénieux canevas que
des savants ont cru jeter sur un cercueil qu'ils pen-
saient contenir un mort, et qui, par malheur pour
eux, ne s'est trouvé être qu'un lit de repos sur lequel
était une léthargique, une vérité subissant une syn-
cope momentanée causée par la violence du choc qu'on

lui faisait subir à sa naissance. Et comme toute vérité triomphe toujours, à un temps donné, de tous les obstacles que le génie des savants peut lui opposer, le magnétisme, après un repos utile peut-être à ses jeunes ans, s'est réveillé, et, plus fort que jamais, livre aujourd'hui bataille à ses fiers adversaires, qui, moins heureux que leurs devanciers, sont condamnés à marcher de défaite en défaite jusqu'à leur anéantissement complet, si mieux ils n'aiment faire défection et s'enrôler sous son drapeau.

Ce n'est pas inconsidérément que, contrairement à l'usage reçu, j'ai cité les conclusions du rapport avant d'en détailler le contenu. C'est, au contraire, à dessein que j'ai agi de la sorte. Fort de l'excellence de ma cause, en zélé champion, j'ai voulu, dans le combat que je vais soutenir, commencer par mettre à néant l'arme la plus redoutable de mes adversaires; j'ai voulu mettre en pièces tout d'abord le linceul scientifique sous lequel on a enseveli pendant un demi-siècle l'une des vérités les plus fécondes, sûr qu'une fois ce fameux bouclier criblé de trous, j'aurai facilement raison des roseaux qui resteront à m'opposer.

Examinons donc les conclusions d'abord, sans égard aux contradictions que je signalerai plus tard; considérons-les purement et simplement, et faisons ressortir tout ce qu'elles ont de contraire au bon sens, au raisonnement en général, et sans application au sujet qu'elles concernent.

« Les commissaires ont reconnu que ce fluide ma» gnétique animal ne peut être perçu par aucun de » nos sens. » Eh quoi! messieurs, est-il une seule *cause* qui soit perçue par nos sens? Vous mangez et vous digérez, en percevez-vous l'agent ? Vos sens vous montrent-ils ce qui fait que telle composition ou telle décomposition a lieu ? Le blé pousse dans le sillon, vos sens en perçoivent-ils la raison ? Vous êtes chimistes, expliquez-vous les affinités ou attractions, ou les répulsions et réactions ? Vous vous contentez de les constater. Vous pensez, messieurs ; eh bien ! percevez-vous le fluide pensant ? Vous aimez ou vous abhorrez, vous estimez ou vous méprisez ; en percevez-vous le mobile ? Eh bien ! s'il est vrai que vous ne perceviez par vos sens aucune de ces causes, nierez-vous qu'elles existent, et direz-vous : Tout ce que je ne comprends pas n'est pas ? — « Il n'a eu aucune action » ni sur eux-mêmes, ni sur les malades qu'ils lui ont » soumis. » De ce qu'une tasse de café, qui m'empêche de dormir et me cause une grande agitation, ne vous fait pas le moindre effet analogue, et, au contraire, facilitant votre digestion, vous fait dormir avec calme, le café n'a donc pas de vertu ? Est-il absolument nécessaire que l'effet soit le même sur tous ? Où en serait la médecine ? — Qui donc vous a magnétisés, est-ce Mesmer ? Non, c'est vous-mêmes, réciproquement sans doute, vous qui ne croyez pas au magnétisme et qui ne le connaissez pas, et vous vous étonnez de ne pas réussir ! Quels malades lui avez-vous soumis ? Ceux qu'il vous a plu pour atteindre votre but. Que n'avez-vous plutôt constaté ce que produisait Mesmer qui savait produire, au lieu d'essayer ce que vous ne pouviez faire ! Quoi ! parce que vous ne pouvez faire une Vierge de Raphaël, la peinture est un mensonge ? — « Les attouchements produisent des chan- » gements *rarement favorables* dans l'économie animale

» et des ébranlements toujours fâcheux dans l'imagina-
» tion. » *Rarement favorables*; ils peuvent donc l'être
quelquefois? Qui ne sait qu'en magnétisme proprement dit on n'emploie nullement les attouchements?
Si quelquefois on les pratique, c'est quand ils sont or-
donnés par le sujet, et c'est alors qu'ils produisent ces
effets *favorables* qui sont réellement rares, parce que
les attouchements le sont autant. Ce n'était point en
thèse générale qu'il fallait parler; il fallait dire : « Les
» malades touchés par MESMER ont ressenti des effets
» funestes de ses attouchements; » or, c'est le contraire
qui est vrai. Et quant aux ébranlements de l'imagination, il fallait citer un cas de folie, *un seul* — qui n'aurait pas détruit la doctrine, qui l'aurait, au contraire,
prouvée péremptoirement, — mais qui aurait donné de
la valeur à l'assertion. Mais pas un cas ne peut être cité.
Sur quoi donc vous fondez-vous? — « L'imagination
» sans magnétisme produit des convulsions. » Qui
donc le nie? Mais si l'imagination peut produire un
tel effet, et que cet effet puisse être salutaire, si l'on
découvre un moyen de produire à volonté cet effet sur
l'imagination, n'est-ce là rien? — « Le magnétisme
» sans imagination ne produit rien. » L'oiseau qu'en-
dort l'épervier, la fauvette que magnétise le serpent,
toute une basse-cour qui prend l'épouvante quand
vient à planer une écouve, sont-ce là des effets de l'i-
magination? et si sans l'en prévenir vous endormez un
aveugle par le magnétisme, si vous endormez un
sourd-muet, est-ce là l'effet de l'imagination? — « Rien
» *ne prouve* l'existence d'un fluide. » Or, si rien ne le
prouve, vous en concluez qu'il n'existe pas? Il est tant
de choses qui ne se prouvent que par des effets, et

qu'on ne perçoit pas ! Témoin l'attraction de Newton. Ses effets la démontrent, mais que voyez-vous de plus que des effets? Quelle est la cause de l'attraction? Le magnétisme aussi se démontre par ses effets; bien que sa cause soit aussi inconnue que celle de l'attraction. Et l'aimant, qu'en savez-vous de plus que des effets? — « Ce fluide sans existence est par conséquent » sans utilité. » Oui, fort bien si vous avez prouvé qu'il n'a point d'existence; mais, tant que vous nierez le mouvement devant un philosophe qui marche, vous ne pouvez parler sur l'immobilité. — « Les » violents effets que l'on observe au traitement public » appartiennent à l'attouchement, à l'imagination mise » en mouvement. » J'ai déjà répondu pour ces attouchements. — « Cette imagination *machinale* qui nous » porte, malgré nous, à répéter ce qui frappe nos sens. » Je ne conçois guère une imagination *machinale*, et il me semble que rien ne doit moins ressembler à une machine que ce que l'on nomme imagination ; mais, quoi qu'il en soit, ce quelque chose qui nous porte, malgré nous, à répéter, etc., qu'est-ce que c'est ? Ce désir, cette propension à imiter ce que l'on voit, que peut-ce être ? Ce n'est ni la matière, ni l'électricité, ni rien que nos sens puissent percevoir, et pourtant cela est, puisque vous l'avouez ; et d'ailleurs, messieurs, vous auriez beau le nier, car, si en lisant votre rapport quelqu'un devant moi se met à bâiller, irrésistiblement l'envie de bâiller me gagnera, et malgré moi je bâillerai : qu'est-ce donc qui me communique ce bâillement? Si je vois quelqu'un satisfaire un besoin de la nature, bientôt, sans qu'il y ait pour moi nécessité, je sens venir l'envie d'en faire autant : qu'est-ce encore que cela ? — « Ces crises *peuvent* être nuisibles. » Elles ne le sont donc pas nécessairement ? Et vous, médecins, qui ordonnez des potions, des pilules, des émissions sanguines, etc., etc., est-ce que vos prescriptions ne produisent pas aussi des crises ? Est-ce que ces crises ne sont jamais nuisibles ? Est-ce qu'elles n'ont pas souvent été mortelles ? Pourtant vous ne vous en abstenez pas. Pouvez-vous reprocher au magnétisme d'avoir causé une seule mort par des crises ? N'en avez-vous pas par millions à vous reprocher ? Avouez donc que vous voulez déprécier ce qui vaut mieux que vous. — « Tout traitement public où les moyens du magné- » tisme seront employés, ne peut avoir à la longue » que des effets funestes. » O académiciens, recevez l'expression de mon admiration la plus enthousiaste ! Quoi ! dans toutes vos pages, écrites avec tant de soin, vous démontrez, — vous croyez du moins le faire, — que le magnétisme *n'a pas d'existence*, et, après y avoir usé toute votre rhétorique, vous venez dire *qu'il peut avoir des effets funestes !* Des effets funestes, produits par un fluide qui n'existe pas ! Voilà un prodige, qu'il n'y a que des académiciens pour accomplir, et que des académiciens seuls peuvent approuver et soutenir ! Or, humblement je l'avoue, je ne suis pas de l'Académie, — le lecteur s'en doute ; — c'est pour cela que je vous admire, mais aussi que je vous plains.

J'ai peut-être un peu trop longuement disserté sur ces fameuses conclusions ; mais je l'ai cru nécessaire, attendu qu'elles sont le résumé de l'œuvre entière. Je crois avoir démontré l'absence de logique dans ce résumé lui-même, et prouvé que les commissions, après avoir affirmé que le magnétisme n'était rien, à l'exemple de Don Quichotte se battant contre un moulin à vent, ils ont conclu à ce qu'il était..... funeste. Ils l'ont cru mort ; quel serait leur étonnement, à présent qu'ils ont tous mordu la poussière, s'ils revenaient, et qu'ils vissent leur assassiné parfaitement bien portant et grandissant à vue d'œil ! Je ne serais pas étonné de les voir devenir les plus grands magnétiseurs. Aussi conservé-je l'espoir de sauver M. ARAGO.

Maintenant que, par la force seule du raisonnement et sans m'arrêter au magnétisme lui-même, j'ai démontré que les conclusions du rapport de BAILLY ne sauraient se soutenir ni en logique ni en bonne foi, j'arrive au rapport lui-même. La tâche qui me reste est facile, car il suffit de puiser à tort et à travers, sans y rien choisir, dans toute l'étendue de ce précieux écrit, pour, par la simple réflexion, le réduire à sa juste valeur, et démontrer évidemment que les conclusions que nous connaissons sont précisément à l'opposite de celles qui ressortissent naturellement du rapport lui-même.

Je ne m'occuperai point ici de cette partie du rapport qui a trait à la description du traitement suivi par Deslon, des explications que ce dernier a données aux commissaires sur les dispositions adoptées, de la manière d'exciter et de diriger le magnétisme animal ; ceci n'est que d'une importance toute secondaire. Mais j'arrive *aux effets du magnétisme sur les malades*, effets observés et constatés par la commission, car ici repose toute la question. En effet, s'il est reconnu par ces savants qu'à l'aide d'un moyen quelconque à eux inconnu l'on parvient à produire sur l'économie des effets facilement appréciables, je n'ai pas besoin d'autre aveu : un agent est reconnu. Qu'ils l'appellent *fluide magnétique*, ou qu'ils le baptisent, selon l'usage, de quelque sonore appellation gréco-française, cela m'importe peu ; et en attendant son baptême scientifique, j'appellerai mon agent *magnétisme animal*.

Je cite : « Alors les malades offrent un tableau très-
» varié par les différents états où ils se trouvent. Quel-
» ques-uns sont calmes, tranquilles, et n'éprouvent
» rien ; d'autres toussent, crachent, sentent quelque
» légère douleur, une chaleur locale ou une chaleur
» universelle, et ont des sueurs ; d'autres sont agités
» et tourmentés par des convulsions. » Ainsi, les commissaires l'avouent, le magnétisme a non pas un, mais
une multitude d'effets différents, sans doute selon le
sujet et l'affection dont il est atteint. L'un *ne ressent
rien,* ou du moins *paraît* ne rien éprouver ; l'autre
*souffre légèrement ;* celui-ci *éprouve une chaleur locale
seulement ;* celui-là, *une chaleur universelle ;* un autre
*a des sueurs ;* le dernier *a des convulsions.* Concluez
donc après sur la non-existence du magnétisme ! —« Ces
» convulsions *sont extraordinaires* par leur nombre,
» par leur durée et par leur force. Les commissaires
» en ont vu durer plus de trois heures ; elles sont ac-
» compagnées d'expectoration d'une eau trouble et vis-
» queuse, arrachée par la violence des efforts. On y
» a vu quelques filets de sang ; et il y a, entre autres,
» un jeune homme malade qui en rend souvent avec
» abondance. Ces convulsions sont caractérisées par
» les mouvements précipités, involontaires de tous les
» membres et du corps entier, par le resserrement à
» la gorge, par des soubresauts des hypochondres et
» de l'épigastre, par le trouble et l'égarement des

» yeux, par des cris perçants, des pleurs, des hoquets,
» et des rires immodérés. Elles sont précédées ou sui-
» vies d'un état de langueur et de rêverie, d'une sorte
» d'abattement et même d'assoupissement ; le moindre
» bruit cause des tressaillements. » Il faut convenir
que ce sont là d'étranges effets pour n'avoir pas de
cause.

« Rien n'est plus étonnant que le spectacle de ces
» convulsions ; *quand on ne l'a point vu, on ne peut*
» *s'en faire une idée.* » Comment, docteurs émérites,
vous avez été témoins, dans votre pratique, de toutes
les espèces de convulsions qui se produisent dans la
nature, et si quelques rares exceptions peuvent exister, celles que vous n'avez pas vues de vos yeux vous
ont été décrites par les auteurs, et, malgré cela, un
homme qui s'intitule magnétiseur, par un moyen par-
ticulier, sait en produire de telles, que vous dites vous-
mêmes : « Quand on ne l'a point vu, on ne peut s'en
» faire une idée ; » et, après un tel aveu, vous osez
écrire et signer que la cause qui produit ces effets est
sans existence ! — « En le voyant, on est également
» surpris et du repos profond d'une partie des malades,
» et de l'agitation qui anime les autres ; des accidents
» variés qui se répètent, des sympathies qui s'établis-
» sent. On voit des malades se rechercher exclusive-
» ment, et, en se précipitant l'un vers l'autre, se
» sourire, se parler avec affection et adoucir mutuel-
» lement leurs crises. » Je vous porte le défi à tous,
docteurs et médecins, qui que vous soyez, de me produire, par les crises résultant de la nature seule de la
maladie, ces effets sympathiques, ces affections réciproques et cet adoucissement mutuel des crises ! Si

donc vous ne le pouvez pas et que quelqu'un le puisse, qu'en conclurez-vous ? — «Tous sont soumis à celui qui » magnétise ; ils ont beau être dans un assoupissement » apparent, *sa voix, un regard, un signe les en retire.* » Pourriez-vous, messieurs, par les mêmes moyens, produire les mêmes effets sur les crisiaques naturels ? — « *On ne peut s'empêcher de reconnaître,* A CES EFFETS » CONSTANTS, *une grande puissance qui agite les mala-* » *des, les maîtrise, et dont celui qui magnétise semble* » *être le dépositaire.* » Ces mots devraient être imprimés en caractères hauts d'une coudée, car seuls ils valent des volumes entiers. Quoi de plus clair, de plus positif, de moins évasif que cet aveu qui semble être sorti *par la force,* de la plume du rapporteur ! Ne dit-il pas : « *On ne peut s'empêcher !* » Ah ! s'il le pouvait !

« Lorsqu'ils (les commissaires) se serviront du mot » *crise,* ils entendront toujours l'état, ou de convulsion » ou d'assoupissement en quelque sorte léthargique, » PRODUIT *par les procédés du magnétisme animal.* »

Je le demande à tout lecteur de bonne foi, lorsque des gens aussi sérieux que les célèbres commissaires royaux ont écrit un tel procès-verbal des faits observés par eux, est-il possible de supposer, parviendra-t-on à comprendre et à expliquer les conclusions que j'ai transcrites plus haut ? Évidemment ici ce n'est pas simplement un manque de logique, c'est une insigne mauvaise foi, c'est un parti pris de nier obstinément dans un résumé ce que l'on a été forcé d'observer et de constater dans le rapport. Qu'on me dise maintenant à quelle hauteur doit s'élever notre considération pour une œuvre si méritoire ? Continuons :

« Les commissaires ont observé que, dans le nom-

» bre des malades en crise, il y avait toujours beau-
» coup de femmes et peu d'hommes. » Utile leçon pour
vous, messieurs, qui, sans considération aucune pour
la différence de l'organisme, prescrivez les mêmes sub-
stances, et aux mêmes doses, à un sexe qu'à l'autre.
— «Que ces crises étaient toujours une ou deux heures
» à s'établir, et que, dès qu'il y en avait une d'établie,
» toutes les autres commençaient successivement et
» en peu de temps. » Eh bien ! quelle différence trouvez-vous entre ces effets, produits, vous l'avez dit, par
le magnétisme, et celui que vous obtenez à chaque instant par les agents que vous employez ? Aucune. Est-
ce qu'une pile galvanique, par exemple, produit en
commençant autant de fluide qu'après un certain moment ? et si l'effet *complet* est nécessaire pour produire
un phénomène, devez-vous vous étonner qu'il ne se
présente pas tant que le jeu de la pile n'est pas en
pleine force ?— «Mais, après ces remarques générales,
» les commissaires ont bientôt jugé que le traitement
» public ne pouvait pas devenir le lieu de leurs expé-
» riences. » Pourquoi ? Si c'est dans un traitement public que les phénomènes se produisent, en vertu de
quel raisonnement allez-vous les juger ailleurs, là
peut-être où ils ne se produisent pas ? Vous êtes chargés de constater des faits après les avoir vus, et vous
vous éloignez du lieu où ils se produisent, pour pouvoir à votre aise dire : Nous ne les voyons pas !— «La
» multitude des effets est un premier obstacle ; on voit
» trop de choses, en effet, pour en voir une en parti-
» culier. » Étrange raisonnement ! Vous êtes appelés
à constater les effets de la lumière, et vous commencez
par dire : *On voit trop clair ! il y a trop de jour ici*

*pour que nous puissions juger s'il existe une chose qu'on nomme lumière!* — « D'ailleurs, des malades *distingués,*
» qui viennent au traitement pour leur santé, pour-
» raient être importunés par les questions; le soin de
» les observer pourrait ou les gêner ou leur déplaire ;
» les commissaires eux-mêmes seraient gênés par leur
» discrétion. » Est-il, je le demande, possible de pousser plus loin l'absurdité? Médecins! vous trouvez-vous
retenus par votre discrétion dans les questions que vous
adressez à vos malades? Craignez-vous de les gêner ou
de leur déplaire en observant avec soin tous les symptômes de leur affection? Un tel scrupule, en supposant
qu'il vous vînt, serait-il subordonné à la distinction
du sujet malade? Vous ne pensez pas un mot de ce que
vous écrivez.— « Ils ont donc arrêté que leur assiduité
» n'était point nécessaire à ce traitement; il suffisait
» que quelques-uns d'eux y vinssent de temps en temps
» pour confirmer les premières observations généra-
» les, en faire de nouvelles, s'il y avait lieu, et en ren-
» dre compte à la commission assemblée. » Autant
vaudrait dire que la visite réitérée du médecin est une
superfétation, et qu'il lui suffit d'avoir une première
fois vu le malade pour, de son cabinet, diriger le traitement de sa maladie. Mais, outre que ce raisonnement
serait jugé absurde, et que le malade ne tarderait pas
à changer de médecin, *le produit de chaque visite,* qui
en définitive se paie, ne permet pas de tenir ce lan-
gage. Les visites que l'on fera au magnétiseur pour
constater les effets du magnétisme ne produiront aucun émolument; au contraire, la constatation de ses
effets aura pour résultat d'établir à la médecine allo-
pathe une redoutable concurrence. Or, comme il s'a-

git beaucoup moins d'une science que d'une clientèle, de guérir un malade que de gagner de l'argent, il n'y a qu'un seul parti à prendre, et c'est celui que l'on prend.

Le but que veulent atteindre les commissaires royaux, c'est l'anéantissement du magnétisme. La difficulté qui se présente réside donc dans le moyen à employer pour arriver à cette fin. Après s'être demandé quelle était la voie la plus sûre, les commissaires arrivèrent à cet expédient : Demandons, se sont-ils dit, que l'on rende sensible la présence du fluide, on ne le pourra pas, et le magnétisme aura vécu. Aussi continuent-ils ainsi : « Il n'a pas fallu » *beaucoup de temps* aux commissaires pour reconnaî » tre que ce fluide échappe à tous les sens. » A mon avis, au contraire, il eût fallu *beaucoup plus de temps* que les commissaires n'en ont mis pour s'assurer de l'existence du fluide, et ce ne pouvait être que par une expérimentation *consciencieuse* souvent répétée, qu'ils devaient espérer découvrir la vérité. S'ils eussent *consciencieusement* magnétisé eux-mêmes et fort souvent, ils n'eussent pas tardé à s'apercevoir d'une certaine sensation inconnue à l'extrémité des doigts, laquelle leur eût rendu *sensible* une émanation invisible et réelle, en rapport évident avec celle que ressentaient les malades ; mais ils manquaient ainsi le but. — « Il (le » fluide) n'est point lumineux et visible comme l'élec » tricité. » De ce qu'un fluide ne ressemblerait pas à celui de l'électricité, qui elle-même, à l'œil, ne ressemble à aucun autre, faut-il conclure qu'il n'existe pas ? *Visible comme l'électricité ;* mais l'électricité, que je sache, n'est point visible. Elle ne frappe nos organes visuels que lors d'une commotion produite par un corps qui lui résiste ; mais elle existe à l'état latent sur tout le globe, puisque ce dernier en est le grand réservoir. Quand donc, dans votre cabinet, *vous ne voyez pas* l'électricité, de par messieurs les commissaires, je vous autorise à dire : L'électricité n'existe pas. — « Son action ne se manifeste pas *à la vue*, comme » l'attraction de l'aimant. » Eh quoi ! tous les effets que vous avez constatés plus haut ne sont donc pas ceux qu'il a produits sur votre vue ? De ce que vos yeux ne pourraient *voir* tel ou tel effet, vous en concluriez donc qu'il n'existe pas ! Mais je vais plus loin : vous avez avoué vous-mêmes ces effets, quand vous avez parlé de *la grande puissance dont celui qui magnétise est le dépositaire*. L'attraction magnétique, je l'ai déjà démontré, est un fait dont l'existence ne saurait être contestée. Sans doute cette attraction est variable, dépendant entièrement de l'organisme non seulement du magnétiseur, mais aussi du sujet magnétisé ; elle varie selon la force volitive et la nature antipathique ou sympathique relatives du premier et du dernier. Si les hommes ne différaient pas plus entre eux que ne font le fer et l'aimant, il est tout naturel de supposer que les effets du magnétisme animal seraient aussi constants que ceux de ces deux métaux entre eux ; mais nous savons bien qu'il n'en est pas ainsi, et que, conséquemment, quand les producteurs peuvent autant varier que les récipients, le produit ne saurait être toujours identique. L'un, le plus important des mobiles du fluide magnétique est la volonté : or, par la même raison, la volonté du sujet qui reçoit l'action a plus ou moins d'effet, selon qu'elle est forte

ou faible, favorable ou contraire ; cela va de soi. — « Il
» est sans goût et sans odeur. » Quelle stupidité ! Est-
ce que l'électricité, qu'on nous oppose comme proto-
type, a du goût et de l'odeur ? et la lumière, et la
chaleur ? — « S'il existe en nous et autour de nous,
» c'est donc d'une manière absolument insensible. »
De combien de choses n'en est-il point ainsi ? L'électricité latente est-elle sensible ? Pour ne l'être pas,
en existe-t-elle moins pourtant ? Mais vous ne pouvez
même exciper de cette insensibilité, car vous avez avoué
l'existence des phénomènes produits par ce fluide. —
« Parmi ceux qui professent le magnétisme, il en est
» qui prétendent qu'on le voit (le fluide) quelquefois
» sortir de l'extrémité des doigts qui lui servent de
» conducteurs, ou qui croient sentir son passage lors-
» qu'on promène le doigt devant le visage ou sur la
» main. » Je ne sais si jamais magnétiseur a dit que
l'on *voyait le fluide* ; mais ce qui est vrai, c'est que les
sujets arrivés à l'état de somnambulisme magnétique
affirment tous que ce fluide a pour eux une couleur,
quelquefois même une odeur. Mais, ici, il ne saurait
s'agir du somnambulisme magnétique, qui n'était pas
découvert lors des travaux de la commission, et qui
ne le fut que postérieurement par M. de Puységur.
— « Dans le premier cas, l'émanation aperçue n'est
» que celle de la transpiration, qui devient tout à fait
» visible lorsqu'elle est grossie au microscope solaire. »
Or, c'était là une mauvaise raison, car les malades
n'avaient point de microscope solaire, et s'ils voyaient
par les yeux nus ce que l'on ne peut voir qu'avec cet
instrument, c'était déjà un grand fait. — « Dans le
» second, l'impression de froid ou de frais que l'on

» éprouve, impression d'autant plus marquée qu'on
» a plus chaud, résulte du mouvement de l'air qui suit
» le doigt, et dont la température est toujours au-
» dessous du degré de la chaleur animale. Lorsque,
» au contraire, on approche le doigt de la peau du
» visage, et qu'on le laisse en repos, on fait éprou-
» ver un sentiment de chaleur qui est la chaleur ani-
» male communiquée. » On se rappelle que les commissaires ont écrit plus haut que certains magnétisés
*éprouvent une chaleur locale, d'autres une chaleur uni-
verselle*, contradiction inexplicable entre *cet air dont
la température est toujours plus froide que la chaleur
animale*. Mais que fait à ces messieurs une contradiction de plus ? Ils savent bien que, tandis qu'un sujet
éprouve du froid par suite de la magnétisation, un autre
éprouve de la chaleur ; que, quand celui-ci éprouve de
la jouissance ou du calme, celui-là éprouve de la douleur ou de l'agitation ; mais, de cette incohérence
physique, de même que du raisonnement opposé qui
précède, ils tirent la même conséquence : la cause
n'existe pas.

« Le fluide échappant *à tous les sens*, son existence
» ne peut être démontrée que par ses effets *cura-
» tifs* dans le traitement des maladies, ou par des
» effets momentanés sur l'économie animale. » Une
fois encore, je le demande, les effets tant curatifs que
momentanés sur l'économie ne sont-ils pas suffisamment démontrés par le rapport lui-même, qui dit que
certains malades s'en trouvent bien et en éprouvent
du bien-être, du soulagement ? Est-il possible de le nier
sans manquer à tout sentiment de bonne foi ? Mais,
pour sortir de ce pas si dangereux, que fait le rap-

porteur? Il attribue à la nature seule les guérisons opérées par les magnétiseurs, et prétend que, la nature guérissant par ses seules ressources et ses uniques efforts bon nombre de maladies, il faut attribuer à elle seule le prétendu succès obtenu par le magnétisme. O médecins, vous qui souvent croyez sincèrement avoir guéri les malades confiés à vos soins, je dis plus, qui les avez réellement préservés, par vos prescriptions, d'une mort sans vous certaine, inévitable, que dites-vous du jugement du rapporteur, qui accorde à la nature le bénéfice de tous vos succès ?

Il est évident que, dans une question qui frise de si près le spiritualisme, rien n'était plus propre à produire une défaite que de prétendre à des preuves matérielles : aussi est-ce là le parti que l'on a préféré. Mais, même sur le terrain purement physique, était-il loyal de s'arrêter en chemin, et de ne pas donner à cette prétendue vérité si audacieusement annoncée tous les moyens possibles de se démontrer? La science médicale, science tout hypothétique, quoi qu'elle dise, et que l'homœopathie forcera tôt ou tard à rendre gorge, ne possède rien, après ce qu'elle doit à la chimie, que ce qu'elle a recueilli de l'expérimentation. Elle connaît les effets incontestables de l'arsenic, de l'opium, du mercure, etc.; mais comment a-t-elle acquis sa conviction? Par des essais souvent réitérés, et non par un jugement *à priori*, lancé sans examen. Eh bien! ce que l'on a fait pour les remèdes dits héroïques parce qu'ils tuent infailliblement, ne pouvait-on, ne devait-on pas le faire pour un remède présenté comme bienfaisant souvent, neutre quelquefois, mais jamais fatal ni mortel? C'est là cependant ce qu'on refuse au magnétisme, en disant : *Le fluide n'existe pas, car il échappe à tous les sens.*

De quoi s'agissait-il donc, au fond, dans les expériences que devait faire la commission ? Était-ce un agent physique seulement qu'il s'agissait de rechercher ? ou plutôt ne s'agissait-il pas de constater une série très-étendue d'effets physiologiques certains et nouveaux, pour, de cette constatation, passer à la recherche de la cause supposée les produire ? Si les commissaires avaient procédé de cette dernière façon, en supposant qu'ils n'eussent pas complètement admis les idées des magnétiseurs, ils auraient au moins rendu à la science le service de dire qu'ils avaient vu de nombreux effets dont la cause leur était inconnue, et que ces faits, encore trop ignorés pour être judicieusement appréciés, nécessitaient de nouvelles et sérieuses investigations. De cette manière, les commissaires eussent évité au R. P. jésuite Scobardi la peine d'écrire ce qui suit :

« Pouvait-on mieux s'y prendre pour que tout man-
» quât ? et cependant, en dépit de ces précautions
» minutieuses, certains phénomènes arrêtèrent tout
» court nos observateurs. Que faire alors ? De deux
» choses l'une : se taire, ou aborder franchement la
» question pour *avoir l'air* de la résoudre et *passer soi-*
» *gneusement à côté.* C'est ce dernier parti que prirent
» les médecins. Ici, nous sommes forcés de citer leurs
» paroles : « *Nous avons cru ne pas fixer notre atten-*
» *tion sur des cas* RARES, INSOLITES, EXTRAORDINAI-
» RES, *qui* PARAISSENT CONTREDIRE TOUTES LES LOIS DE
» LA PHYSIQUE..., *parce que ces cas étant le résultat de*
» *causes* COMPLIQUÉES, VARIABLES, CACHÉES, ETC., IL

» N'Y A RIEN A CONCLURE DE CES FAITS. » — C'est à
» l'aide de semblables procédés que les rapporteurs
» purent.... déclarer que le magnétisme était *fort
» dangereux*, après avoir épuisé tous les artifices de la
» dialectique pour prouver qu'il n'existait pas. » (1)

Je ne pourrais rien ajouter à ces réflexions du révé-
rend père qui ne les affaiblît; j'en laisse juge le lecteur.

Néanmoins il est étrange que des faits *rares, extraordinaires, insolites*, qui *paraissent contredire toutes
les lois de la physique, qui ont des causes compliquées,
variables, cachées*, n'aient rien de nouveau ni de digne
de l'attention des commissaires, qui pourtant étaient
exclusivement nommés pour faire une sérieuse investi-
gation.

Étonnant comme cela pourra paraître, outre le
rapport que je viens d'examiner, et qui fut rendu
public, que l'on distribua même avec une profusion
inaccoutumée, la commission royale, sans égard pour
la dignité du corps auquel elle appartenait, rédigea
un rapport au ministre qui devait rester *confidentiel*,
bien que plus tard il fût rendu public.

Comme s'il n'était pas bon que le public sût la *vérité
vraie* sur le magnétisme ! Quel était donc le but que se
proposaient les commissaires en rédigeant leurs deux
rapports? On en juge facilement en lisant le rapport
confidentiel, dans lequel on remarque une finesse d'observations qu'on est loin de retrouver dans le rapport
officiel. Dans celui-là, en effet, les commissaires voient
le fait avec justesse, l'analysent judicieusement dans

(1) Rapport confidentiel, p. 23.

ses moindres détails ; mais, repoussant tout esprit phi-losophique, ils s'obstinent à ne jamais en saisir la cause. Ils sont contraints d'observer, mais ils refusent de prononcer l'arrêt qui ressort de leurs observations ; puis, allant plus loin, ils tâchent de découvrir quel-ques inconvénients beaucoup plus imaginaires que réels, et résultant seulement de leur défaut d'initia-tion et de pratique, pour s'en faire une arme avec la-quelle ils doivent terrasser le monstre qui n'existe pas !

Comme dans le rapport officiel, les commissaires, dans le rapport confidentiel, attribuent à *l'imagina-tion* et à *l'imitation* les effets qu'ils ont observés. Mais, avec un peu de bon sens, qui ne voit que *l'imi-tation* n'est que *l'effet* qui reproduit ce qui existe déjà, et que l'imagination, si tant est qu'elle le produise, n'est elle-même que l'effet subi de *quelque chose* qui la met en mouvement ou en crise ? Or, c'est précisé-ment de ce *quelque chose* qu'il s'agit ; vous avez beau nier son existence, je dis que la cause existe, puis-que vous affirmez que vous avez vu l'effet. Vous direz peut-être que c'est l'attouchement — qui n'a pas lieu la plupart du temps ? — Mais vous ne feriez que re-culer la question. Comment, par quel agent *percepti-ble à vos sens*, messieurs, l'attouchement opère-t-il sur l'imagination ? Mais je vais plus loin. Si sur un sujet *l'attouchement* produit un effet, que, sans attouche-ment, *l'imagination* seule le reproduise sur un second sujet, comment expliquerez-vous cette singulière coïn-cidence de puissance entre l'attouchement et l'ima-gination produisant les mêmes effets sur des êtres dis-tincts ? J'en puis dire autant de l'imitation. Il est im-possible qu'à ces effets reproduits si identiquement, il n'y ait point une cause similaire. Que cette cause vous échappe parce que vous ne voulez pas croire à ce que vous dit celui qui la dirige, c'est fort bien; mais donnez-nous-en une meilleure explication, si vous ne voulez pas que nous vous traitions comme vous le méritez.

Les commissaires ont fait de prodigieuses observations sur les femmes, s'il faut en juger par le rapport confidentiel, et, à les en croire, la moitié du genre humain n'est qu'un amas de nerfs plus sensibles que la sensitive, que la moindre volonté suffit pour influencer; de là toutes les crises qu'ils ont observées. Si je devais m'arrêter à ces idées, je dirais que cette volonté, qui met en mouvement les nerfs si sensibles du beau sexe, est une cause déjà, que c'est même là le point de départ du magnétisme; mais je ne veux pas m'appesantir sur ce sujet, alors que je sais que les actes les plus grands, les plus courageux, les plus énergiques, ont été exécutés par les femmes, que les femmes dirigent souvent même la politique des nations, et que peut-être plusieurs des commissaires eux-mêmes n'étaient que des pelotons de nerfs obéissant à la volonté de leurs épouses.

Dans le rapport confidentiel comme dans l'autre, il y a des aveux prodigieux. On y voit que « *la proxi-* » *mité, la chaleur individuelle, les regards confondus,* » sont les voies connues de la nature et les moyens » qu'elle a préparés de tout temps pour opérer *imman-* » *quablement* la communication des sensations et des » affections. » Vrai partiellement en magnétisme, ce qui précède est complètement faux en dehors de cette science; car, pour établir la sympathie qu'ils ont constatée au traitement, il ne suffit pas que deux personnes se touchent à un certain degré de chaleur en se regardant ; cela ne suffirait pas à produire l'amour, pas plus qu'à produire la haine, etc., etc.

J'ai fait connaître plus haut l'opinion des commissaires (rapport officiel) sur les convulsions, « *rarement* » *favorables à l'économie et toujours fâcheuses à l'i-* » *magination.* » Voici maintenant ce qu'ils disent dans le rapport confidentiel : « La preuve que cet état » de convulsions, quelque extraordinaire qu'il paraisse » à ceux qui l'observent, n'a rien de pénible, et n'a » rien que de naturel pour celles qui l'éprouvent, c'est » que, dès qu'il est cessé, *il n'en reste aucune trace* » *fâcheuse; le souvenir n'en est pas désagréable,* LES » FEMMES *s'en* TROUVENT MIEUX *et n'ont point de répu-* » *gnance à le sentir de nouveau.* » Cette simple comparaison parle d'elle-même, je n'y ajouterai aucune réflexion. Plus loin, ce même rapport ajoute : « Le » traitement magnétique ne peut être que dangereux » pour les mœurs. » Les faits, depuis soixante-dix ans, ont assez prouvé la fausseté de cette assertion. « Rien » n'empêche que les convulsions ne deviennent habi-» tuelles, et qu'elles ne se répandent en épidémies » dans les villes, qu'elles ne s'étendent aux généra-» tions futures. » Voyez-vous, lecteurs, cette crainte de vos académiciens, *d'une épidémie s'étendant aux* *générations futures, de convulsions dont on se trouve* *mieux et pour lesquelles on n'a point de répugnance, et* *qui sont produites par le fluide magnétique qui n'existe* *pas!* Je dis donc avec le R. P. Scobardi : Quelles contradictions ! que de science et de naïveté ! ou plutôt, quelle mauvaise foi !

Heureusement pourtant, le magnétisme, si violemment attaqué, si étrangement combattu, trouva parmi les savants dont la France est fière un consciencieux défenseur. Antoine Laurent DE JUSSIEU, le célèbre botaniste que l'univers entier connaît, et que nous considérons comme une de nos gloires nationales, avait été nommé membre d'une commission académique cette fois, et non royale, que l'on a nommée COMMISSION MAUDUYT. Elle se composait de MAUDUYT, ANDRY, CAILLE et DE JUSSIEU. Une dissidence d'opinion s'étant produite entre ce dernier et ses trois collègues, il refusa de signer leur rapport, et leur déclara qu'il ferait, sur ce qu'il avait observé, un rapport personnel, entièrement fondé sur ses convictions. C'était là une décision bien grave, et il lui a fallu un courage presque téméraire pour ne pas craindre de protester contre toute une académie dont il faisait partie. Mais, dans un homme comme DE JUSSIEU, la conviction et la conscience étouffent tout calcul ; peu lui importe ce que penseront de lui des académiciens prévenus ! L'important est de proclamer la vérité, quoi qu'il en coûte. Il est fâcheux qu'un si noble exemple soit si peu suivi.

Dans l'état d'enfance où se trouvait encore alors le magnétisme, il ne faudrait pas s'attendre à ce qu'un académicien, si savant qu'il fût, rendît, non initié qu'il était, un jugement sans appel. C'est ainsi que les conclusions du rapport de DE JUSSIEU, qui attribuent les effets qu'il a remarqués au *calorique transformé*, bien qu'elles soient fort ingénieuses, manquent d'exactitude. Mais l'important pour la science, c'est que cet honnête savant ait constaté, avec l'autorité de son nom, l'existence de faits produits par un agent inconnu, mû par la volonté, et qu'il essaie de caractériser. Je ne citerai que quelques courts extraits du rapport de DE JUSSIEU, attendu que je ne ferais que répéter, sur un autre ton, ce que j'ai dit déjà. Je me contenterai de signaler les points qui, variant de ceux du rapport de la commission royale, donneront des éclaircissements encore inconnus.

En parlant des *effets généraux* du magnétisme, il dit : « Les corps qu'on leur présente (aux magnétisés) » dans une certaine direction ont pour eux une odeur » particulière, qui devient différente dans une direc- » tion opposée. Le pouls, ordinairement réglé, s'ac- » célère quelquefois...; la crise finit simplement par la » cessation des symptômes, ou se termine par des lar- » mes, de la moiteur, de la sueur, des crachats, *des* » *vomissements, des évacuations par les selles et par* » *les urines.* » On comprend qu'après avoir relaté de tels effets, un savant comme DE JUSSIEU ne pouvait conclure par une négation. Aussi dit-il que, « parmi » tous les faits qu'il a observés, plusieurs doivent ap- » partenir à une cause physique, les autres pouvant » être attribués à un fluide inconnu ou à l'influence de » l'imagination. »

« Pour connaître les effets magnétiques d'une pre- » mière impression magnétique, *je voulus magnétiser* » *le premier* une malade nouvelle, qui paraissait su- » sceptible d'éprouver des sensations. La première » séance ne produisit rien ; sur la fin de la seconde, elle » eut des soubresauts, d'abord légers et rares, qui aug- » mentèrent assez promptement d'intensité et de nom- » bre, sans occasionner de douleur. Le troisième jour, » les mêmes mouvements reparurent dès le commen-

» cement de l'opération et durèrent longtemps, quoique
» sur la fin j'eusse interrompu l'action magnétique. Je
» sortis de la salle; ils cessèrent peu après, au rap-
» port des médecins présents. Rentré au bout d'un
» quart d'heure, je les vis recommencer avec la même
» force sans le secours d'aucun des procédés usités. Je
» sortis de nouveau, bientôt ils se calmèrent. La ma-
» lade, voulant prendre l'air sur une terrasse, fut re-
» prise des mêmes mouvements en me voyant dans la
» cour. Retirée dans la salle et devenue plus tran-
» quille, elle se disposa à s'en aller; mais, me retrou-
» vant encore au bas de l'escalier, elle eut un nouvel
» accès, et fut obligée d'entrer dans une salle inférieure,
» où je la laissai. » On le voit, DE JUSSIEU, qui agissait
avec bonne foi, obtint des résultats que les commissaires royaux n'ont pas obtenus, disent-ils; mais c'est
qu'ainsi que lui, ils n'ont pas voulu essayer eux-mêmes
leur puissance de la manière qu'il l'a fait. La différence entre eux, c'est que l'un cherchait la vérité,
tandis que les autres voulaient empêcher qu'elle se produisît.

La quatrième partie du rapport de DE JUSSIEU est de
toutes la plus importante, car elle a trait à des expériences que n'ont pas faites ou que n'ont pas mention-
nées les commissaires royaux : je veux dire LES FAITS
*indépendants de l'imagination*. On comprend, en effet,
que si le savant botaniste a observé, sur les personnes
qu'il a soumises à son action, des effets produits par
cette action exclusivement et à l'insu des sujets qui y
étaient exposés, cela démontrera jusqu'à l'évidence
l'existence d'un principe actif dans cette prétendue fan-
tasmagorie que l'on appelle *magnétisme*. J'ai parlé, en

commençant, d'effets magnétiques constatés sur des aveugles, des sourds-muets, etc. ; écoutons DE JUSSIEU :

« Placé vis-à-vis une femme *dont l'aveuglement, occa-*
» *sionné par deux taies fort épaisses, avait été, un*
» *mois auparavant,* CONSTATÉ PAR LES COMMISSAIRES,
» je la vis, pendant un quart d'heure entier, fort tran-
» quille, paraissant plus occupée du fer du baquet di-
» rigé sur ses yeux que de la conversation des autres
» malades. *Dans le moment où le bruit des voix était*
» *suffisant pour mettre son ouïe en défaut,* je dirigeai,
» à la distance de six pieds, une baguette sur son
» estomac, que je savais très-sensible. Au bout de
» trois minutes, elle parut inquiète et agitée ; elle se
» retourna sur sa chaise, assura que quelqu'un, placé
» derrière ou à côté d'elle, la magnétisait, quoique
» j'eusse pris auparavant la précaution d'éloigner tous
» ceux qui auraient pu rendre l'expérience douteuse.
» *Ses inquiétudes se dissipèrent presque aussitôt après*
» *la cessation de mes mouvements,* et elle devint tran-
» quille comme auparavant, surtout quand on lui eut
» certifié qu'elle n'avait derrière elle ni malade ni mé-
» decin. Quinze minutes après, saisissant les mêmes
» circonstances, je renouvelai l'épreuve, qui offrit
» exactement les mêmes résultats. *Toutes les précau-*
» *tions possibles en pareil lieu n'avaient point été né-*
» *gligées.* J'étais assuré que la malade n'avait retiré
» d'autre avantage de son traitement que d'entrevoir
» confusément certains objets à quelques pouces de
» distance... »

Ainsi nous voyons DE JUSSIEU, pour s'assurer qu'il n'était le jouet d'aucune supercherie, magnétiser lui-même, choisissant, pour plus de certitude sur les effets qu'il cherche à produire, un sujet dont la cécité soit *constatée par les commissaires eux-mêmes.* Sûr alors de n'être pas trompé, il ne croit pas avoir pris encore assez de précautions : il attend du bruit, de manière à n'être pas deviné dans son expérimentation ; il va plus loin encore, il condescend jusqu'à faire un mensonge, bien excusable sans doute, et dit au sujet que personne ne la magnétise. Mais ce n'est pas tout encore : il sait que la malade *a retiré un avantage* du traitement, et peut en conséquence entrevoir confusément certains objets à la distance de quelques pouces, il se place à six pieds. Après tant de détails, était-il besoin qu'il ajoutât qu'aucune précaution n'avait été négligée ? Chacun doit voir, comme je le vois moi-même, le chercheur religieux, consciencieux, qui, s'il ne veut pas qu'on le trompe parce qu'il ne veut pas tromper, n'en est pas moins déterminé à déclarer la vérité, si tant est qu'il la rencontre. Le lecteur a vu le premier effet constaté; eh bien ! pour DE JUSSIEU, ce n'est pas assez ; il répète l'expérience un quart d'heure après, le même effet est obtenu ; puis il ajoute, et comme à regret : « L'heure avancée ne me permit pas de faire » une troisième épreuve, qui aurait peut-être aug- » menté la conviction. » Évidemment, cette conviction qu'il avait l'espoir d'augmenter, ce n'était pas la sienne, qui était déjà établie suffisamment sans doute; il veut parler de celle de ses confrères, crédulité aussi naturelle à DE JUSSIEU qu'elle était mal fondée, car ses collègues *ne voulaient pas* être convaincus.

Plus loin, DE JUSSIEU parle d'un sujet en état de spasme, et qui n'a gardé nul souvenir de ce qui s'était passé, bien que les effets aient été bien extraordinai-

res. Le doigt, placé sur le front, soulageait la malade ;
s'il l'éloignait, la tête suivait machinalement sa direction, comme mue par une sorte d'attraction, pour
s'en rapprocher. S'il présentait l'une de ses mains en
opposition de l'autre, à un pouce de distance de celle
de la malade, celle-ci la retirait précipitamment avec le
signe d'une impression vive. Ces expériences se sont
répétées trois ou quatre fois en dix minutes. Ici donc
encore l'imagination ne joue aucun rôle.

« Les moindres mouvements magnétiques faisaient
» sur un autre malade une impression si vive que, lors-
» qu'on promenait plusieurs fois le doigt *à un demi-*
» *pied de son dos sans qu'elle pût le prévoir,* elle était
» prise sur-le-champ de mouvements convulsifs et de
» soubresauts répétés, qui lui annonçaient l'action
» exercée et duraient autant que cette action. *Mon pre-*
» *mier et unique essai sur cette malade produisit le*
» *même effet dont j'avais été témoin quatre ou cinq fois.* »

Cela, je le demande, est-il assez clair ? N'est-ce pas
suffisant pour prouver qu'en dehors des attouchements, de la chaleur vitale, de l'imitation, de l'imagination, il existe un agent qui a de la puissance, puisqu'il exerce une telle influence à l'insu de ceux qui la
subissent ? Et peut-on douter de ces effets, quand c'est
DE JUSSIEU qui les affirme, lui qui a un nom, une réputation qui le met au-dessus de tout soupçon ?

Lorsque l'on voit qu'un homme étranger au magnétisme produit de semblables effets, comprend-on que
les commissaires royaux n'en aient observé aucun digne de fixer particulièrement leur attention ? Cela est
vraiment trop invraisemblable pour être vrai. Mais je
ne résiste pas au plaisir d'étendre encore ces citations,

d'ont, je suis sûr, le lecteur me saura gré. « Si on agi-
» tait *à leur insu* (les malades) le doigt sur leur tête
» ou le long de leur dos sans les toucher et même à
» quelque distance, ils sautaient souvent avec vivacité,
» en tournant la tête pour voir la personne placée der-
» rière eux..... J'avais produit d'abord assez fréquem-
» ment cet effet; *mais pouvant soupçonner*, ou que les
» malades pressentaient mon action, ou que la sensa-
» tion aurait eu lieu sans moi, *je m'arrêtais* longtemps
» auprès d'eux, *attendant le moment favorable pour*
» *l'épreuve : elle me réussissait presque toujours. Lors-*
» *que je n'agissais point, le tressaillement n'avait pas*
» *lieu.* »

J'arrive enfin aux conclusions de l'expérimentateur.
Je prie le lecteur de se rappeler celles par lesquelles
j'ai commencé mon analyse, et d'en faire la comparaison.

« Ces faits sont peu nombreux et peu variés, parce
» que je n'ai pu citer *que ceux qui étaient bien vérifiés*
» ET SUR LESQUELS JE N'AVAIS AUCUN DOUTE. Ils suffi-
» ront pour faire admettre la possibilité ou existence
» d'un fluide ou agent qui se porte de l'homme à son
» semblable, et exerce quelquefois sur ce dernier une
» action sensible. »

Oui, honnête DE JUSSIEU, ces faits suffiront sans
doute, attestés par vous, pour convaincre les gens de
bonne foi qui liront votre intéressant rapport; mais
comme les plus grands intérêts, les plus entichés
amours-propres, la plus infernale routine, et par-dessus tout la plus insigne mauvaise foi, vous combattent,
ce sera peu que l'autorité de vos paroles et de votre
nom soutenant une vérité au berceau, alors surtout

que vos collègues sont déterminés à la nier pour l'exterminer à sa naissance. Ce que l'on imprimera, ce que l'on distribuera à profusion, ce ne sera pas votre consciencieux rapport, que l'on ferait volontiers disparaître si l'on pouvait, ce sera le fameux rapport BAILLY et consorts ; ce ne sera pas la vérité observée que l'on proclamera, ce seront les moyens les plus ingénieux de la dialectique que l'on emploiera pour détourner l'esprit des penseurs de cette même vérité. Si un jour il arrivait à l'illustre secrétaire perpétuel actuel de l'Académie de faire votre éloge comme il a fait celui de votre antagoniste BAILLY, je serais curieux de voir ce qu'il pourrait dire de ce rapport de vos observations, qui certes n'ont été ni moins habiles, ni moins délicates, ni moins sévères, ni surtout moins consciencieuses que celles de la commission royale. Que ferait-il ? Oserait-il, après avoir approuvé BAILLY, vous approuver aussi ? Ce serait possible, quoique peu logique ; ou bien vous condamnerait-il ? Il y regarderait sans doute à deux fois avant de prononcer un jugement si extraordinaire sur un botaniste aussi savant, sur un homme dont les travaux sont immortels, et que la France place au plus haut rang, enfin sur un DE JUSSIEU.

En terminant l'examen rapide du rapport de DE JUSSIEU, je me trouve en quelque sorte forcément ramené à parler de l'Éloge de BAILLY. Je n'avais que légèrement touché à cette œuvre, attendu qu'il est toujours fâcheux d'avoir à s'occuper des vivants lorsque ce n'est pas pour les flatter. J'étais décidé à n'en pas dire davantage ; mais des amis à qui j'ai communiqué mon intention m'ont engagé à n'en rien faire, et à compléter, par l'analyse de cet éloge en ce qui concerne le

magnétisme, l'examen rapide des documents antima-
gnétiques les plus puissants. Ils m'ont fait comprendre
que l'œuvre de M. ARAGO était, par le fait, une réédi-
tion, après soixante-dix ans, du rapport de BAILLY, qui
ne tendait à rien moins qu'à retarder encore, à l'abri
du nom de l'illustre académicien, les progrès du magnétisme d'un autre demi-siècle. Je me décide donc à
l'aborder. Ou je me trompe fort, ou je prouverai que
M. ARAGO, après avoir succinctement analysé les parties du rapport favorables à son opinion, donne des
conclusions qui ne découlent aucunement de l'examen
auquel il s'est livré. Mais n'anticipons pas.

Voici par quelle citation de BAILLY M. ARAGO com-
mence son examen : « Le pays des possibilités est
» immense, et, quoique la vérité y soit renfermée, il
» n'est souvent pas possible de l'y distinguer. » Un tel
prélude ne permettait guère de supposer que, loin de
chercher à distinguer une vérité dans le pays des possibilités, l'illustre académicien allait plus tard s'ingé-
nier à l'empêcher de surgir. Il est bon d'ajouter que
BAILLY écrivait cela à propos de l'astronomie, et ne l'aurait peut-être pas répété à l'occasion du magnétisme ;
et lorsqu'on a lu le rapport qui a été précédemment
analysé, on a peine à comprendre qu'il soit l'œuvre
d'un homme qui a écrit : « Ma plume ne trouverait
» point d'expressions pour des pensées que je ne croi-
» rais pas vraies. »

Entrant dans la question qui m'occupe, M. ARAGO
continue : « Le magnétisme animal, disait MESMER,
» peut être accumulé, concentré, transporté sans le
» secours d'aucun corps intermédiaire ; il se réfléchit
» comme la lumière ; les sons musicaux le propagent

» et l'augmentent. » Il y a plus de soixante-dix ans que MESMER émettait cette opinion ; et elle était tellement l'expression de la vérité, que le temps n'a rien ajouté, n'a rien retranché à son exactitude. Les preuves les plus irrécusables sont venues en tous points la confirmer. Si je ne craignais pas d'intervertir les phases de mes observations, j'ajouterais ici que, pour démontrer la vérité de l'influence des sons, encore aujourd'hui contestée, un magnétiseur amateur, aussi distingué par les expériences magnétiques que célèbre par ses talents sur le violoncelle et son mérite de compositeur, M. Rousselot, eut l'heureuse idée de composer pour le piano une *valse magnétique*. L'effet qu'il produit, en l'exécutant, sur les sujets sensibles, est tel, qu'il obtient en quelques instants le sommeil et le somnambulisme, sans qu'il soit besoin d'avoir recours à aucun autre des moyens ordinaires.

M. ARAGO nous dit encore que MESMER avançait que, « quoique le fluide soit universel, tous les corps ani- » més ne se l'assimilent pas au même degré. Il en est, » quoiqu'en très-petit nombre, qui, par leur seule » présence, détruisent tous les effets de ce fluide dans » les autres corps. » Mais il semble révoquer en doute cette assertion, qui pourtant rencontre une foule d'analogies dans tout ce que la science admet. Qui nierait, par exemple, l'isolement qui résulte, dans l'électrisation, du tabouret à pieds de cristal ? Or, si cet isolement est positif, certain, prouve-t-il qu'il n'y a point d'électricité ? On n'oserait certainement pas tirer cette conclusion, et pourtant on l'applique au magnétisme. Mais, outre que ce raisonnement est tout à fait illogique, la vérité seule s'est chargée de venger MES-

1er, et ce qu'il a avancé se démontre et se prouve par
es expérimentations de chaque jour, ce qui n'empêche
pas le savant académicien de dire que Mesmer n'avait
imaginé cette assertion que *pour ne plus courir le ris-
que d'être embarrassé.* Je ne puis comprendre comment
M. Arago, qui, plus loin, nous dira *qu'il croirait manquer à son devoir* s'il refusait d'examiner la doctrine
mesmérienne, peut, sans rougir, nous apprendre que
*l'Académie des Sciences de Paris et la Société royale de
Londres ne jugèrent pas à propos de répondre aux com-
munications de Mesmer.* Mais si le savant est sobre de
désapprobation à l'endroit du corps illustre dont il fait
partie, il change de ton lorsqu'il s'agit de la Faculté
de médecine, à laquelle il n'appartient pas, comme si
la science médicale n'était pas nécessairement une branche de l'Académie. — « La Faculté de médecine mon-
» tra, ce nous semble, dit-il, *moins de sagesse.* Elle
» refusa de rien examiner ; elle *procéda* même en forme
» contre un de ses docteurs régents, qui s'était asso-
» cié, disait-elle, à la charlatanerie de Mesmer. »
Ainsi, ce n'est plus seulement une assemblée de savants qui ferment les yeux, c'est une association de
tyrans qui crèvent les yeux à qui veut essayer de
voir.

M. Arago n'admet pas que Newton ait soupçonné
l'existence d'un fluide universel, et pourtant, en lisant
son immortel ouvrage, qu'un astronome de mérite
comme lui sait sans doute par cœur, on trouve :

*« Bodies act upon one another by the attraction of
gravity, magnetism and electricity, and it is not improbable that there may be more attractive powers than
these. How this attraction may be performed? I do not*

*here consider. What I call attraction, may be performed by impulse or by some other means unknown to me. I use that word here to signify only in general, any force by which bodies tend towards one another whatsoever be the cause.* »

C'est-à-dire : « Les corps agissent l'un sur l'autre *par l'attraction de gravité, le magnétisme et l'électricité,* ET IL N'EST PAS IMPROBABLE QU'IL Y AIT ENCORE D'AU- TRES POUVOIRS ATTRACTIFS QUE CEUX-LA. Comment ces attractions peuvent s'opérer, ce n'est pas ce que je considère ici ; *ce que j'appelle attraction peut être opéré* PAR IMPULSION OU PAR QUELQUE AUTRE MOYEN A MOI INCONNU. J'emploie ce mot pour signifier seulement en général toute force par laquelle les corps tendent l'un vers l'autre, *quelle que puisse être cette cause.* » (NEW- TON, *Optick*, propos. 31, pag. 351.)

Dans l'édition de Sam. Horsley, 1782, pag. 386, il dit de l'éther : « *I suppose the rarer æther whithin bo- dies, and the denser without them.* »

« Je suppose l'*éther* plus rare à l'intérieur des corps et plus dense à l'extérieur. »

Qu'est-ce que l'éther, sinon un fluide universel ?

Dans sa troisième lettre au docteur Bently, écrite par Newton dans sa cinquantième année, on lit :

« La supposition d'une gravitation innée, inhérente » et essentielle à la matière, tellement qu'un corps » puisse agir sur un autre à distance, et à travers du » vide sans secours intermédiaire, qui propage de » l'un à l'autre leur force et leur action réciproques, » cette supposition, dis-je, est pour moi une si grande » absurdité, que je ne crois pas qu'un homme qui » jouit d'une faculté ordinaire de méditer sur les ob-

» jets physiques puisse jamais l'admettre. — *La gra-*
» *vitation doit être causée par un agent qui opère con-*
» *stamment selon certaines lois.* »

Les astronomes de tous pays, je pense, admettent
l'existence d'un certain quelque chose indéfinissable,
qui ne se démontre qu'à l'état de supposition et d'ima-
ginative. — Ils admettent l'*éther*; or, que feraient-ils,
que diraient-ils, si je venais leur demander une preuve
physique de l'existence de l'*éther*? Et si, ne pouvant
obtenir cette preuve physique, je venais leur dire : —
Il n'y a point d'éther parce qu'il *n'est pas percepti-*
*ble à nos sens,* — qu'auraient-ils à m'objecter? Que de-
viendrait tout leur système sans cette espèce d'être de
raison qu'ils ne peuvent démontrer? Si, poussant plus
loin l'obstination, je leur disais : — De même que,
puisque vous ne percevez pas par vos sens le fluide magnétique, vous concluez qu'il n'existe pas; de même
aussi, en me servant de vos propres paroles que je
vous applique, je dis que, puisque nos sens ne per-
çoivent pas l'éther, l'éther n'est pas ! — que pour-
raient-ils m'opposer de sensé qui ne les confondît eux-
mêmes ?

M. le Secrétaire de l'Académie a beau traiter de violence ces paroles de Bergasse : « Les adversaires du
» magnétisme animal sont des hommes qu'il faudra
» bien vouer un jour à l'exécration de tous les siècles
» et au mépris vengeur de la postérité; » déjà le fait
se réalise, et, s'il reste aux contradicteurs un moyen
d'échapper à ses conséquences, c'est non seulement
de faire comme ce savant astronome qui consent à
examiner, mais d'examiner réellement, et de faire
promptement amende honorable des erreurs passées;

je ne vois pas d'autre moyen d'échapper aux rigueurs de l'avenir.

Que M. ARAGO approuve l'œuvre de BAILLY, les quelques mots qui suivent le démontrent surabondamment; il dit : « Jamais question complexe ne se trouva » réduite à ses traits caractéristiques avec plus de fi- » nesse et de tact; jamais plus de modération ne pré- » sida à un examen que des passions personnelles sem- » blaient rendre impossible; jamais sujet scientifique » ne fut traité d'un style plus digne, plus limpide. » Et, plus loin, il l'appelle « le magnifique travail publié par » notre confrère, il y a soixante ans. » — « Cette ana- » lyse montrera d'ailleurs à quel point étaient *témé-* » *raires* ceux qui naguère, au sein d'une autre Aca- » démie, s'instituaient les défenseurs passionnés de » *vieilleries* qu'on pouvait croire à jamais ensevelies » dans l'oubli. » — J'ai cru utile de faire cette citation, pour montrer plus loin ce qu'elle a de contradictoire avec les conclusions du travail, conclusions par les- quelles *ces* VIEILLERIES redeviennent dignes de l'exa- men de l'auteur, et peuvent, à cet effet, sortir de leur linceul scientifique éternel.

Abordant le rapport, M. ARAGO débute par un en- tre-filet qui mérite attention. « Le magnétisme *ani-* » *mal* — disait BAILLY — *peut bien exister* sans être » utile. » Comment donc le savant académicien n'a-t-il pas remarqué l'énormité d'une semblable assertion? Eh quoi! il existerait chez l'homme, le Créateur aurait placé en lui une puissance qui ne serait pas utile? Mais tout ce qui, chez l'homme, ne lui est pas utile, lui nuit et le constitue à l'état anormal. Si donc le ma- gnétisme *peut exister*, il faut qu'il soit utile ou qu'il soit morbide. Ou Dieu a créé le magnétisme, et alors il a son but utile; ou Dieu n'a point créé ce fluide, et alors vous ne pouvez dire qu'il peut exister.

Suit l'analyse succincte, rapide, de la plupart des passages que j'ai cités précédemment. Une phrase se termine ainsi : « *Parmi ces malades, au nombre de* QUA-» TORZE, CINQ *éprouvèrent des effets. Sur les* NEUF *au-» tres, le magnétisme fut sans action.* » Je demande à M. ARAGO lui même si, n'y eût-il eu d'effet que sur un seul malade au lieu de cinq sur quatorze, ce seul cas n'eût pas prouvé une cause? Si un effet ne peut exister sans cause, si cinq de ces effets se produisent devant vous, que ces effets soient par vous reconnus pour être ceux de l'action du magnétisme, quelle peut être la réponse à cette question : Le magnétisme existe-t-il? — Vient une citation se terminant par ces expressions que le lecteur connaît déjà : « *L'habitude des* » *crises ne peut qu'être funeste.* » Or, au moment où M. ARAGO citait ces lignes, il n'ignorait pas qu'il existât un autre rapport de la même commission, que, *trois lignes* plus bas, il annonce avoir été *adressé au roi personnellement* et qui devait rester secret, lequel se termine par ces mots que j'ai déjà cités : « *Il n'en reste* » *aucune trace fâcheuse; le souvenir n'en est pas désa-* » *gréable; les femmes s'en trouvent mieux et n'ont point* » *de répugnance à le sentir de nouveau.* » Je ne sais pas vraiment comment, après des conclusions si contradictoires, il reste sous la plume de M. ARAGO un mot de louange pour une telle œuvre. Mais il y a plus : c'est que notre savant, croyant le monstre terrassé, et croyant lui donner le dernier coup, ajoute qu'il ne faut pas regretter que le rapport secret ait été publié, attendu que les malades sont par là avertis *de tous les dangers du magnétisme.* Comment ! des dangers, *quand il ne reste aucune trace !* quand le magnétisme n'est pas !

M. Arago termine de la manière suivante l'examen du texte du rapport :

« En résumé, le rapport de Bailly renverse de fond
» en comble une erreur accréditée. Ce service est con-
» sidérable, mais il n'est pas le seul. En cherchant la
» cause imaginaire du magnétisme animal, on a con-
» staté *la puissance réelle que l'homme peut exercer sur*
» *l'homme sans l'intermédiaire immédiat et démontré*
» *d'aucun agent physique.* » Je reste confondu lorsque j'ai lu de semblables choses. Quoi ! Mesmer vous dit qu'il a un moyen, encore inconnu, d'exercer sa puissance sur d'autres hommes sans autre intermédiaire qu'un fluide qu'il nomme *fluide magnétique;* il prouve son assertion par des faits que les commissaires eux-mêmes constatent; les commissaires, après avoir relaté les effets dont ils ont été témoins, n'en connaissant et n'en pouvant voir, entendre, sentir, toucher ni goûter la cause, déclarent, par ces motifs, que cette cause n'existe pas, et vous appelez cela *renverser de fond en comble une erreur accréditée!* Mais ce n'est pas tout. Vous avouez *qu'en cherchant la cause imaginaire, on a trouvé la cause réelle,* ce qui est plus fort, et que cette cause réelle est précisément *la puissance que l'homme peut exercer sur l'homme sans l'intermédiaire d'aucun agent physique,* — vous devriez dire *physiquement visible.* — Or, je le demande, n'est-ce pas affirmer et confirmer la vérité annoncée par Mesmer, en en niant la cause? Mais non; Mesmer et son idée

sont, dites-vous, renversés de fond en comble par
BAILLY ; et, chose que personne n'avait encore avancée
avant vous, voilà que c'est BAILLY qui, en cherchant
le faux, a découvert le vrai, c'est BAILLY qui a constaté cette puissance réelle, et MESMER a eu tort de se
présenter comme l'auteur de cette observation. Il est
certain, d'après ce que vous nous dites du moins, que,
sans lui, BAILLY et ses confrères nous eussent gratifiés
de la découverte. Cette logique en vaut bien une autre.
Elle revient à dire que, n'était le rapport de BAILLY
sur le magnétisme, MESMER n'aurait pas vécu, et que
c'est BAILLY qui a créé MESMER. — Continuons : « On
» a établi que les gestes et les signes les plus simples
» *produisent quelquefois de très-puissants effets;* que
» l'action de l'homme sur l'imagination peut être ré-
» duite en art..., du moins à l'égard de personnes ayant
» la foi. » A l'exception de ce que M. ARAGO et BAILLY
attribuent exclusivement à l'imagination, rien de ce
qui précède n'aurait été contredit par MESMER. Mais
comme il faut toujours attribuer à quelque chose les
effets que l'on voit se produire, dont on ignore la
cause, les commissaires rencontrent en chemin l'imagination, et ils en font une cause quand elle serait bien
plutôt un effet. Si l'imagination ne se fût pas rencon-
trée là si à propos, nul doute que l'on eût été chercher *le hasard*, cet auteur reconnu, accepté, de tout ce
que l'intelligence ignore ou dont elle ne parvient pas à
trouver la cause, comme si l'existence d'un Dieu lais-
sait place à celle du hasard. Essayez de jeter en l'air
tous les caractères contenus dans les casses d'une imprimerie, et vous verrez si, en tombant à terre, ils
formeront les œuvres de M. ARAGO.

« Dans le magnétisme proprement dit, dit M. Arago,
» dans celui que les physiciens ont étudié avec tant de
» soin et de succès, les phénomènes sont constants.
» *Ils se reproduisent sous les mêmes conditions de forme,*
» *de durée et de quantité, quand certains corps mis en*
» *présence se* RETROUVENT EXACTEMENT DANS LES MÊ-
» MES POSITIONS RELATIVES. C'est là le caractère es-
» sentiel, nécessaire de toute action purement maté-
» rielle et mécanique. En était-il ainsi des prétendus
» phénomènes du magnétisme animal? En aucune ma-
» nière. Aujourd'hui, la crise naissait en quelques se-
» condes; le lendemain, il fallait des heures entières;
» un autre jour, enfin, les circonstances restant les
» mêmes, l'effet était absolument nul. Tel magnéti-
» seur exerçait une vive action sur certain malade, et
» était absolument sans puissance sur un malade diffé-
» rent, lequel, au contraire, entrait en crise dès les
» premiers gestes du second magnétiseur. Au lieu d'un
» ou de deux fluides universels, il fallait donc, pour
» expliquer les phénomènes, admettre autant de flui-
» des distincts et sans cesse agissants qu'il existe dans
» le monde d'êtres animés ou inanimés..... La néces-
» sité d'une pareille hypothèse renversait évidemment
» le mesmérisme jusque dans ses fondements. »

Ainsi, pour reconnaître l'existence du fluide magnétique, M. Arago exige que ses effets se représentent
toujours identiquement, ainsi que font ceux de l'aimant; mais il ne devrait pas oublier que, pour que
les produits soient semblables, il faut que les producteurs ne diffèrent aucunement. Pour ce qui est des matières inanimées, les résultats ne présentent jamais de
différence sensible; mais, pour tout ce qui est matière

organique, il n'en saurait être ainsi. Lorsque tant de causes modifient l'état de l'homme, même en bonne santé, qu'il n'est plus le soir ce qu'il était le matin; qu'une seconde suffit pour changer totalement l'état de son organisme; que ses facultés de toutes sortes subissent naturellement l'influence de cet organisme lui-même, comment espérer d'un semblable agent principal une action toujours uniforme? Si maintenant vous soumettez à l'action de cet agent éminemment variable un sujet plus ou moins malade, et dont l'état organique et intellectuel soit d'autant plus affecté ou affectible que la perturbation est plus grande et subit plus de variations, comment, je le demande, peut-on comparer entre eux les premiers et les derniers de ces producteurs et de ces récipients? Mais, si vous soumettiez un sujet toujours en même état sous tous les rapports à l'action absolument aussi toujours semblable d'un sujet toujours dans la même situation, il est naturel de supposer que les effets seraient toujours pareils. Mais il n'en saurait être ainsi quand l'homme le plus robuste, jouissant de la santé la meilleure, n'est pas une heure, une minute même dans le même état. Comme ensuite la faculté volitive des deux sujets est motrice et génératrice du fluide chez le premier, et attractive, neutre ou répulsive chez le dernier, il est facile de concevoir toutes les variations que M. ARAGO ne s'est pas expliquées. C'est qu'aussi M. ARAGO, à l'exemple des commissaires de 1784, examine la question au point de vue exclusivement physique et mathématique; c'est que le savant voudrait, dans le magnétisme, rencontrer la fixité, la périodicité, la durée, etc., qu'il rencontre au firmament; et que, s'il admet des perturbations possibles, ainsi qu'on en constate dans le monde des étoiles, il voudrait qu'elles fussent constatées par le passage de quelque astre influent. Malheureusement, cela n'est pas encore trouvé, ce qui toutefois ne prouve rien contre la possibilité. Et pourtant, malgré cette quasi-impossibilité d'arriver à un résultat toujours identique, en examinant sérieusement, on voit la parfaite exactitude du raisonnement que je tenais plus haut; car les effets obtenus par un magnétiseur sur un somnambule se produisent à tous instants, et à tous instants sont identiques. Presque tous les magnétiseurs obtiennent sur des somnambules différents les résultats qu'un premier a obtenus, ce qui démontre suffisamment que même la matière organique permet d'arriver à des résultats identiques, lorsque l'action s'opère dans une situation semblable.

De ce qu'un magnétiseur n'obtient pas le même résultat sur tous les malades qu'il soumet à son influence, M. Arago en conclut qu'il n'y a pas d'agent. Sans doute, il ne réfléchit pas que chaque malade est dans un état différent, même physiquement, et que même un médicament ne produirait pas sur l'un l'effet identique à celui qu'il produirait sur l'autre. Pourrait-on avec quelque apparence de raison exiger que l'effet de l'aimant, par exemple, se produisît sur l'étain exactement le même que sur le fer? Sans doute que non. Eh bien! par suite, croit-on que l'aimant dont parle M. Arago agira aussi puissamment sur un mélange de fer et d'étain, sur du fer-blanc par exemple, que sur le fer pur? Certes, non encore. Tel acide agit sur le cuivre et le décompose, qui n'altère pas le fer; tel autre respecte l'or et atteint les autres métaux. Ne sont-ce pas là des effets physiques différents, produits par un même agent sur des corps à différents états? Maintenant est-il moins certain que de la concentration des principes actifs d'un agent chimique dépendent ou sa nullité ou ses différents degrés d'action? qu'il en est même qui ne produisent un effet déterminé que lorsqu'ils atteignent certain degré de composition? Ces faits sont trop connus pour que M. ARAGO les ignore. Pourquoi donc ne les applique-t-il pas au magnétisme, et exige-t-il de celui-ci une invariabilité qu'il ne saurait même trouver dans la matière inerte?

Mais je n'arrête pas là mes comparaisons. On oppose aux magnétiseurs l'électricité, et l'on prétend que ses effets sont constants. Rien n'est cependant moins exact que cette assertion. D'abord, l'électricité atmosphérique est-elle toujours la même dans le même degré de froid ou de chaleur, de sécheresse ou d'humidité? Tous les nuages, à égale température, en sont-ils toujours également chargés? Est-ce l'électricité qui nous a fait découvrir les nuages orageux, ou bien plutôt ne sont-ce pas les nuages orageux qui ont fait d'abord soupçonner, puis constater le fluide électrique? En descendant des cieux en terre, ne voyons-nous pas que; si l'air est humide, une machine électrique ne se charge pas, tandis qu'elle se charge très-vite et très-fortement par la sécheresse? Cette électricité ne rencontre-t-elle pas des corps conducteurs et des corps répulsifs? et, entre ces deux, n'en est-il pas sur lesquels l'action est insensible? N'existe-t-il pas deux électricités : l'une positive, l'autre négative; l'une vitrée, l'autre résineuse; et tandis que l'une agit sur certains corps, ne sait-on pas que l'autre est neutre? Certains corps, — le chat, par exemple, — ne portent-ils pas une plus grande quantité de fluide que certains autres? Dans les décompositions chimiques par l'électricité, les deux pôles agissent-ils de la même manière sur le même corps? Si nous arrivons au galvanisme, observons-nous la même action produite par tous les métaux indistinctement les uns sur les autres? Ne savons-nous pas, au contraire, que le couple jusqu'ici le plus puissant se compose de cuivre et de zinc, et que tous les autres métaux, quoique générateurs du fluide par leur accouplement, produisent des effets qui vont en s'amoindrissant selon la nature différente de leur composition? Ces faits sont d'une évidence qu'il suffit de signaler pour que chacun les reconnaisse et y voie une similitude frappante avec les effets du magnétisme. Eh bien! je le demande, faut-il conjecturer de tout cela qu'il y a autant d'acides différents qu'il y a de forces actives, et que cet acide produit de différents effets; autant d'aimants que de degrés d'attraction ou de répulsion; autant d'espèces d'électricité que l'on produit de phénomènes par son action; autant de fluides galvaniques qu'il y a de couples possibles? Je crois que M. Arago lui-même accuserait de divagation celui qui avancerait de pareilles énormités, et que le meilleur conseil qu'il penserait pouvoir donner, serait qu'on lui rendît facile l'accès de Charenton. Eh bien! sans s'en douter, c'est une pareille énormité que le savant secrétaire perpétuel de l'Académie ne craint pas de soutenir contre le magnétisme. Il est vrai que les acides, l'électricité, le galvanisme sont maintenant des choses bien connues, tandis que le magnétisme n'est encore qu'à l'état d'éclosion, et ignoré des savants. J'ai besoin de cela pour ser-

vir d'excuse à notre célèbre astronome. Mais, alors, qu'il
ne perde pas de temps, et qu'il s'empresse d'acquérir
la connaissance qui lui manque, et qui le tient éloigné
de la vérité et en opposition avec la nature elle-même.

Je ne m'arrêterai pas à ce que M. ARAGO entend désigner par *le croisement facile de deux atmosphères*,
d'où il fait découler *la parenté naturelle des esprits et
des cœurs;* ce sont des phrases que je ne comprends
pas, je l'avoue à ma honte. Je ne ferai que signaler en
passant quelques-unes des singularités que, sans doute
pour égayer ses auditeurs, M. ARAGO a été chercher
dans l'antiquité, et que, pour ma part, je trouve fort
peu convenable d'intercaler dans un travail scientifique. Ainsi, il cite Arminius, qui tombait en défaillance
à la vue d'un coq, ou bien en entendant son chant;
puis Germanicus, qui se trouvait comme frappé de la
foudre à la vue de la tête d'un marcassin détachée du
tronc. Entrer dans ces traits d'esprit me paraîtrait
puéril.

Maintenant que le lecteur connaît l'appréciation qu'a
faite M. ARAGO du rapport de BAILLY sur le magnétisme, qu'il l'a vu fustiger impitoyablement cet enfant
encore dans ses langes; maintenant que, sans doute, à
force de le frapper à coups redoublés, M. ARAGO a bien
et dûment tué l'innocent, j'engage le lecteur à se pré-
parer à une de ces évolutions presque incroyables dont
sont capables pourtant les intelligences d'élite. C'est ici
surtout que je réclame toute l'attention qu'un tel sujet,
traité par un savant de cet ordre, mérite à tous égards.
Écoutons !

« Le rapport de BAILLY renversa de fond en comble
» les idées, les systèmes, les pratiques de MESMER et de

» ses adeptes ; *ajoutons sincèrement qu'on n'a pas le* » *droit de l'invoquer contre le somnambulisme moderne.* » D'où donc est sorti le *somnambulisme* que vous appelez moderne ? N'est-ce pas *des idées, du système, des pratiques de Mesmer et de ses adeptes ?* n'est-ce pas du magnétisme, enfin ? Faites-vous un somnambule sans le magnétiser ? et, si vous le magnétisez, n'adoptez-vous pas non seulement l'idée, mais même le système, les pratiques de MESMER ? — « La plupart des phénomènes » groupés aujourd'hui autour de ce nom — le som- » nambulisme — n'étaient ni connus, ni annoncés en 1783. » Eh bien ! si tout cela n'était pas connu en 1783, que ce le soit aujourd'hui, la gloire en revient-elle à ceux qui on dit — ce que vous approuvez — que le magnétisme ou son fluide n'est pas ? ou bien est-elle la propriété de MESMER et de ses adeptes ? Entre les deux il faut choisir. — « Un magnétiseur dit, assurément, *la* » *chose la moins probable du monde,* quand il affirme » que tel individu, à l'état de somnambulisme, peut » tout voir dans la plus profonde obscurité ; qu'il peut » lire au travers d'un mur, et même sans le secours » des yeux. » Les savants ne nient sans doute pas qu'il y ait des somnambules naturels, et que ceux-ci se lè- vent, marchent, courent, traversent des précipices, jouent, écrivent, etc., etc., *dans la plus profonde* *obscurité et les yeux fermés,* et pourtant il faut y voir pour faire tout cela ; comment alors expliquent-ils le fait ? Il serait sans doute plus facile de le nier, mais le moyen ? En terminant mon examen de l'œuvre de M. ARAGO, je répondrai à ce paragraphe d'une façon que je crois victorieuse. En attendant, je dirai qu'en 1783 même, du temps de FRANKLIN, celui qui aurait dit :

— Dans peu, on parlera à Paris, et l'on sera entendu à Londres au même instant ; dans quelques années, au moyen d'un clavier placé à Bayonne, on fera résonner un piano à Saint-Pétersbourg , on fera sonner une cloche à la même minute dans les deux endroits, — celui-là aurait dit aussi *la chose la moins probable du monde ;* et cependant cette opinion, que l'on émettait hier, est de toute inexactitude aujourd'hui que tout cela s'accomplit au vu et su de tout le monde par le télégraphe électrique.

Mais expliquera qui pourra comment il se fait que M. ARAGO, qui avait dit ce qui précède , manquant de mémoire sans doute , dit , deux feuillets plus loin : « Rien, dans les merveilles du somnambulisme, ne » soulevait plus de doutes qu'une assertion très-souvent » reproduite , touchant la propriété dont jouiraient » certaines personnes à l'état de crise, de déchiffrer » une lettre à distance, avec le pied , avec la nuque, » avec l'estomac. Le mot *impossible* semblait ici com- » plètement légitime. *Je ne doute pas, néanmoins, que* » *les esprits rigides ne le retirent,* après avoir réfléchi » aux ingénieuses expériences dans lesquelles MÔSER » produit aussi , à distance , des images très-nettes de » toutes sortes d'objets, sur toutes sortes de corps, et » dans la plus complète obscurité. » Par cette citation, je crois avoir montré M. ARAGO se répondant à lui-même, d'une manière beaucoup plus éloquente que je ne le pourrais faire , au sujet de *la chose la moins probable du monde.*

Après avoir dit que tous les hommes sérieux qui cherchent à se convaincre des effets du somnambulisme ne récusent néanmoins pas le jugement des LAvoisier, des Franklin et des Bailly, M. Arago ajoute : « Ils pénètrent dans un monde entièrement » nouveau dont ces savants illustres ne soupçonnaient » même pas l'existence. » Est-ce une escobarderie ? est-ce une naïveté ? Quoi ! magnétiser un somnambule pour expérimenter, ce n'est pas récuser l'opinion de ceux qui ont dit que le fluide magnétique n'existait pas ? Et ce monde nouveau, que ces illustres savants ne soupçonnaient même pas, par quoi, par quels moyens, comment l'a-t-on découvert ? Qui vous en a signalé l'existence ? N'est-ce donc pas Mesmer ? n'est-ce pas au moyen du magnétisme ? et pouvez-vous magnétiser si le magnétisme n'existe pas ?

Plus loin nous trouvons : « *Le doute* est une preuve » de modestie, et il a rarement nui au progrès de la » science. » *Le doute*, c'est fort bien ; mais en est-il de même de la négation ? Évidemment, non. Eh bien ! donc, doutez, M. Arago, mais ne niez pas comme vous l'avez fait. — « On n'en pourrait pas dire autant de » *l'incrédulité*. Celui qui, en dehors des mathématiques » pures, prononce le mot *impossible,* manque de pru- » dence. » — Qu'avez-vous donc fait quand vous avez dit que, puisque vous ne perceviez pas physiquement l'agent magnétique, cet agent n'existe pas ? — La réserve est surtout « un devoir *quand il s'agit de l'orga-* » *nisation animale.* » Je crois que M. Arago et moi, nous finirons par nous trouver d'accord sans que j'aie cédé sur un seul point de ma dissertation. — « En se » rappelant encore dans quelle proportion énorme les » actions électriques ou magnétiques augmentent par » l'acte du mouvement, on sera moins enclin à prendre » en dérision les gestes rapides des magnétiseurs. »

Vous verrez que les magnétiseurs finiront par faire l'admiration des académiciens; voilà déjà qu'on ne les tourne plus en dérision.

« En consignant ici ces réflexions développées, j'ai
» voulu montrer que le somnambulisme ne doit pas
» être rejeté *à priori*, surtout par ceux qui se sont
» tenus au courant des derniers progrès des sciences
» physiques. J'ai indiqué des faits, des rapprochements
» dont les magnétiseurs pourraient se faire une arme
» contre ceux qui croiraient superflu de tenter de nou-
» velles expériences, ou même d'y assister. Pour moi,
» je n'hésite pas à le dire, quoique, malgré les *possibi-*
» *lités* que j'ai signalées, je n'admette les réalités de
» lectures ni à travers un mur, ni à travers tout autre
» corps opaque, ni par la seule entremise du coude ou
» de l'occiput, *je croirais manquer à mon devoir d'aca-*
» *démicien si je refusais d'assister à des séances où de*
» *tels phénomènes me seraient promis*, pourvu qu'on
» m'accordât assez d'influence dans la direction des
» épreuves pour être certain de ne pas devenir victime
» d'une jonglerie. »

. . . . . . . . . . . . .

« Croire tout découvert est une erreur profonde,
» C'est prendre l'horizon pour les bornes du monde. »

On le voit, il y a loin de M. Arago terminant son examen, à M. Arago le commençant et le poursuivant; aussi lui ferai-je grâce de cette phrase de Montesquieu, qu'il a transcrite à l'adresse des magnétiseurs : « Quand
» Dieu créa les cervelles humaines, il n'entendit pas
» les garantir. »

J'ai promis une réponse au paragraphe concernant *la chose la moins probable du monde;* cette réponse la voici ; mon but est d'arriver à faire que cette chose si improbable soit attestée comme un fait lors de la réimpression de l'écrit de M. ARAGO. Je propose à l'illustre académicien l'expérience suivante, qu'il a acceptée d'avance :

A un jour, une heure, un lieu indiqués par M. ARAGO, je magnétiserai un somnambule. Lorsqu'il sera dans l'état de somnambulisme, M. ARAGO lui-même lui occlura les yeux de la manière suivante : Il posera sur ces organes, dont les paupières seront closes, deux pelotes de coton en rame très-compactes, qu'il étendra comme bon lui semblera, pourvu qu'il n'intercepte pas la respiration. Par-dessus ces pelotes de coton, il posera ou fera poser une serviette pliée en autant de doubles qu'il jugera convenable ; il la nouera fermement derrière la tête. Puis il s'assurera, par tous les moyens possibles, que le sujet ne peut y voir par son sens naturel. Dans cet état, le somnambule fera, avec qui l'on voudra, une partie de cartes quelconque, nommera toutes ses cartes, souvent celles même de l'adversaire, et jouera avec la précision d'un homme en état normal. Les cartes seront fournies par M. ARAGO. Après cette première expérience, M. ARAGO écrira sur un papier blanc un ou plusieurs mots à son choix, qu'il n'aura communiqués à personne, et le sujet lira ce qui aura été écrit. Puis, comme troisième expérience, M. ARAGO prendra dans une bibliothèque un livre au hasard ; une autre personne, avec un couteau, ouvrira le livre, aussi au hasard, et une troisième personne désignera, toujours au hasard, la ligne sur l'une des pages gauche ou droite que le sujet devra lire. Le somnambule alors, comptant les lignes jusqu'à celle désignée, la lira avec l'exactitude la plus rigoureuse.

Je compte sur la promesse de M. Arago, et il peut avoir foi en la mienne. Ce que je lui promets, je le lui ferai voir. J'ai toutefois besoin d'ajouter que je ne veux pas supporter de frais dans cette expérience, et que M. Arago devra se transporter ici, ou, si mieux il l'aime, je me rendrai auprès de lui avec le somnambule, à la condition que les frais de déplacement me seront payés.

J'ajouterai que, appelant M. Arago à constater un fait, je ne changerai rien à la méthode ci-devant détaillée de le produire, bien que, pour les savants, les pelotes de coton et le bandeau soient tout à fait inutiles, et qu'ils puissent constater le fait d'une façon bien plus positive sans cet appareil. En effet, dans l'état de somnambulisme, les paupières supérieures sont abaissées, et les yeux contractés comme dans l'état de sommeil naturel, de sorte que la pupille se trouve placée à la partie supérieure de l'orbite de l'œil, condition qui rend tout à fait impossible la communication sur la rétine d'aucun rayon visuel.

Bien que je ne m'engage qu'à cette seule série d'expériences, il dépendra sans doute de M. Arago d'être témoin d'une foule d'autres peut-être beaucoup plus surprenantes encore. Mais je lui en réserve la surprise.

En conséquence, j'exige qu'un procès-verbal de la séance soit fait et signé par M. Arago, et me réserve d'y faire figurer ceux des témoins que j'aurai appelés à y assister. A ces conditions, j'attends la décision de M. Arago.


Je crois devoir joindre ici la copie d'une lettre adressée

par moi, le 12 octobre 1852, à M. Périer, juge de paix
du 8e arrondissement, au sujet d'un procès intenté au
somnambule Alexis et à neuf autres de ses collègues, et
dans lequel il y eut condamnation à la prison et à
l'amende.

> « Bordeaux (42, rue Poyenne), 12 octobre 1852.

» *A M. Périer, juge de paix du 8e arrondissement, Paris.*

» MONSIEUR,

» Je viens de lire le jugement que vous avez rendu dans
» le procès intenté au magnétisme animal, dans la per-
» sonne de dix somnambules. Je dois l'avouer, j'en
» éprouve une profonde affliction. Vous devez être avant
» tout, Monsieur le juge de paix, ami de la *justice;* or, la
» justice ne peut, en quoi que ce soit, se séparer de la
» *vérité.* Au nom donc de cette justice que vous avez
» pour mission d'administrer, et de cette vérité qui doit
» toujours l'accompagner et la guider, je viens vous prier
» d'avoir la patience de lire cette lettre.

» Imaginez pour un instant, et par pure hypothèse,
» qu'une *foule innombrable* d'individus plus ou moins
» éclairés présentent au public un morceau de papier, et
» qu'ils affirment que la couleur de ce papier est noire,
» ainsi qu'on l'a cru jusqu'alors. *Quelques rares individus*
» viennent, qui s'inscrivent en faux contre l'assertion des
» premiers, et soutiennent que ce papier est blanc. De là,
» évidemment, un différend; un juge est nécessaire. Ad-
» mettez à présent que, pour exercer ces fonctions judi-
» ciaires, on choisisse, parmi tous les aveugles de l'arron-
» dissement, celui dont la cécité est la plus complète.
» Quel jugement peut-on raisonnablement attendre d'un
» tel magistrat, quelque imbu, d'ailleurs, qu'il puisse être
» de la loi? Évidemment, ne pouvant par lui-même rien
» discerner en fait de couleurs, cet aveugle rendra un ju-

» gement en tous points conforme aux dires de la multi-
» tude ; ce qui, toutefois, ne changera rien à la couleur
» du papier. C'est ainsi que fit le saint tribunal de l'Inqui-
» sition pour l'immortel Galilée ; ce qui n'a pas, que je
» sache, empêché la terre de tourner. Eh bien ! le juge-
» ment que vous venez de prononcer est en tous points le
» jugement de l'aveugle et de l'Inquisition.

» N'allez pas, Monsieur le juge de paix, m'attribuer une
» intention que je n'ai pas, de vous offenser en quoi que
» ce soit. Vous ignorez, et, dans votre ignorance, vous
» condamnez ! Dans le doute, abstiens-toi, dit le proverbe.
» Ou je me trompe fort, ou, avant peu, vous humilierez
» vos connaissances en jurisprudence devant la prescience
» des somnambules, et, ainsi que les conciles, vous ré-
» habiliterez les nouveaux Galilées.

» Il siérait mal, Monsieur le juge de paix, à un magné-
» tiseur amateur et convaincu, qui compte plus de quinze
» années d'expérimentation désintéressée, de critiquer
» vos sentences, sans pouvoir rien apporter à l'appui de
» ses critiques, surtout lorsque ces jugements ne sont, en
» définitive, qu'une application, *sévère* peut-être, mais
» *ad hoc*, d'une loi absurde. Ce qu'il m'importe de dé-
» montrer est bien moins votre erreur que l'absurdité
» d'une loi qui veut *que la terre ne tourne pas*. Il s'agit
» donc pour moi de prouver que ce que condamne la loi,
» *le Créateur le veut, puisqu'il l'a fait*, et que, tant que
» nos législateurs ne seront pas Dieu, ils pourront bien
» faire des lois, mais non réformer l'œuvre du Tout-Puis-
» sant. Voici donc ce que j'ai l'honneur de vous proposer :

» Voulez-vous être assez bon pour, *de votre main,* m'ac-
» cuser réception de cette lettre ? Le jour même où votre
» écrit me parviendra, à l'heure précise où le facteur me
» le délivrera, je magnétiserai un somnambule, lequel
» me dira *où vous êtes, en quelle compagnie, ce que vous y
» faites, l'état de votre santé, votre âge à peu près,* peut-

» être même pourra-t-il répondre aux questions *sensées*
» que vous voudrez bien m'adresser. Or, je ne vous con-
» nais nullement; je suis à Bordeaux, à 600 kilomètres de
» Paris, et si par le retour du courrier je vous envoie ces
» détails, qui seront rendus authentiques par des per-
» sonnes compétentes, oserez-vous encore après con-
» damner le magnétisme?

» Voulez-vous faire plus encore? Envoyez-moi une
» mèche de cheveux un peu forte d'une personne malade
» quelconque, et je me fais fort de vous adresser le
» diagnostic exact de sa maladie. J'y mets, toutefois,
» une condition : c'est que vous adresserez à une autorité
» quelconque à Bordeaux, par le même courrier, *à mon*
» *insu*, le certificat d'un médecin sur la maladie de la
» personne, et ses symptômes apparents; certificat qui
» sera rendu public après l'expérience faite.

» J'irai plus loin, et je dirai : J'offre à tout médecin,
» fût-il le premier du monde, l'expérience suivante, où
» sa science sera comparée à celle du somnambule : Une
» mèche de cheveux sera coupée *par une autorité*, sur la
» tête *d'un cadavre mâle* ou *femelle, jeune* ou *vieux*. Cette
» mèche sera remise, *dans l'obscurité*, au médecin désigné
» et au somnambule. L'âge, le sexe, la nature de la ma-
» ladie ayant occasionné la mort, étant au préalable con-
» statés par une commission de docteurs, et le somnam-
» bule, ainsi que le médecin, en étant complètement
» ignorants, l'un et l'autre devront, au simple toucher de
» ces cheveux, *faire le diagnostic de la maladie, dire la*
» *cause de la mort, désigner le sexe et l'âge de la personne*
» *morte*, et même, au besoin, *l'époque de la mort et le lieu*
» *d'inhumation*. — Quel parti n'en pourrait-on pas tirer
» pour les cas d'empoisonnements? — *J'engage au succès*
» *du somnambule tout ce que l'on voudra exiger de moi*. Je
» doute qu'aucun médecin veuille accepter le défi, mais je
» suis prêt à le soutenir quand on voudra. Si le somnambu-

» lisme peut atteindre de semblables résultats, et que les
» médecins en soient incapables, qu'en conclure? Que les
» somnambules sont des sorciers à brûler, peut-être? Ah!
» si vous acceptez ces diverses expériences, et si elles
» réussissent, dites-moi, oserez-vous à l'avenir, sans re-
» mords, emprisonner les somnambules et les condamner
» à l'amende? Non, vous ne l'oserez plus!! Vous vous
» joindrez à nous pour demander qu'on étudie au grand
» jour et non que l'on mette au cachot un moyen si ad-
» mirable, que le Créateur a mis à notre disposition.

» Je vous mets donc en demeure, Monsieur le juge de
» paix, ou d'accepter ou de refuser mes propositions.
» Acceptées, elles resteront secrètes jusqu'à exécution
» complète; après quoi, *favorables ou contraires*, elles
» devront être publiées. Refusées, je me réserve le droit
» de leur donner toute la publicité que bon me semblera,
» afin que la bonne foi soit enfin connue, et que le public
» sache bien de quel côté elle a élu domicile.

» Cette lettre, Monsieur, ne s'adresse pas seulement au
» magistrat, *elle s'adresse à tous les hommes de bonne foi*
» *qui aiment la vérité.*

» Dans l'espoir d'une réponse favorable, je vous prie
» d'agréer, Monsieur le juge de paix, l'hommage de mon
» respect.

» CH. RABACHE. »

J'ai fini et avec le rapport de 1784 et avec l'appréciation qu'en a faite M. ARAGO. Je crois avoir victorieu-
sement démontré, tant par le défaut de logique des
documents eux-mêmes que par l'opposition qu'ils font
au bon sens et à la raison, que, quoi qu'ils aient avancé
contre l'existence du fluide magnétique, force leur est
d'avouer que des effets ont été produits, et que ces effets ont nécessairement une cause. De quelque nom

qu'ils appellent cette cause, cela m'importe peu. Qu'ils répudient le nom de *fluide magnétique* pour dire qu'ils ont constaté l'influence de l'homme sur l'homme sans intermédiaire physique appréciable à nos sens, si c'est contester un nom, c'est aussi constater un fait; or, pour moi, c'est du fait seul qu'il s'agit et non du nom qu'on lui donne. Ce qu'a constaté BAILLY, ce qu'a confirmé M. ARAGO, c'est que les effets annoncés par MESMER ne peuvent se révoquer en doute; et c'est grâce à ce que les adeptes de ce dernier n'ont pas cru sans appel la condamnation d'une vérité par l'Académie, que l'on peut dire aujourd'hui que le somnambulisme magnétique ne saurait être contesté, bien que ses effets n'ont pas encore pu rencontrer la sanction des savants. Pour le moment, cela me suffit.

Je n'ai pas cru devoir entrer dans les détails concernant l'histoire proprement dite du magnétisme, attendu que de tels détails me mèneraient trop loin. Je me bornerai à renvoyer le lecteur, curieux d'être renseigné à ce sujet, aux ouvrages innombrables publiés sur la matière, et notamment à un volume in–8° intitulé : *Le Magnétisme animal expliqué,* par A. TESTE, Paris, Baillère, 1845, où l'on trouvera de curieuses recherches remontant aux temps les plus reculés et finissant à notre époque. On y trouvera un aperçu très–curieux des divers noms, des divers subterfuges, du mysticisme même, qui ont tour à tour été employés pour désigner, en le cachant, le magnétisme animal. Rien de plus intéressant à la fois et de plus amusant que cette réunion de faits isolés, n'ayant qu'une seule et même origine, qui sont restés jusqu'ici à l'état de prodiges ou de mystères inexplicables, et qu'il suffit de la connaissance du magnétisme pour rendre très-intelligibles. Que de sorciers brûlés n'étaient que de simples magnétiseurs! Que de miracles n'étaient que de simples effets magnétiques! Sans remonter trop loin, sans enfreindre l'enceinte du christianisme si abondant en preuves irrécusables, mentionnons Pyrrhus, roi d'Épire, guérissant par simple attouchement; Asclépiade, guérissant la frénésie en endormant les malades ou leur ordonnant des frictions; les Mages, qui plus tard donnèrent ou furent la cause qu'on donna à leur art le nom de *magic;* les thaumaturges du temps de Cicéron et de César, qui guérissaient les malades *par magie.* Théocrite, 2ᵉ idylle, cite *une magicienne* guérissant les malades. Tacite, Suétone, d'Ammien, Marcellin, qui certes ne manquaient pas de bon sens, racontent des guérisons magiques. Les Druides pratiquaient le magnétisme; les Arabes du VIIIᵉ siècle s'y adonnaient sous le nom de *magie.* Tolède, Ségovie et Salamanque ont eu, au XIᵉ siècle, des écoles où l'on enseignait *les sciences occultes :* la première était la plus célèbre. Salluste nous apprend que c'est par ces sociétés occultes que nous avons connu la plupart des inventions physiques et chimiques des Arabes. César de Neisterbacle, auteur du XIIIᵉ siècle, écrivait : *Comptures ex diversis regionibus scholares apud Toletum, student in arte necromantica.* Leibnitz et Flud furent membres de ces sociétés occultes. Moïse lui-même n'était-il pas magnétiseur? Ne croyait-il pas au magnétisme lorsqu'il dit dans le Deutéronome, ch. 27, v. 10 : « *Qu'il* » *n'y ait personne parmi vous qui fasse des maléfices,* » *qui soit enchanteur, etc., ou qui consulte ceux qui ont* » *des pythons, etc.* » La sorcellerie grecque avait ses enchanteurs et ses enchantés, επανιδα, μαυτις. Les Romains ont les *venenarii* ou *venefici* pour les poisons; les *genethliaci*, qui tirent les horoscopes; les *augures* et les *aruspices*, dont on connaît les fonctions; les *Thessali* et les *Chaldæi;* puis, enfin, les *sortiarii* et les *sortiariæ*, qui font des *maléfices*. Plus tard, le moyen âge eut ses *sorciers*, et, de nos jours, l'Église romaine elle-même les reconnaît encore lorsque, dans l'administration du sacrement de mariage, elle place dans la bouche du prêtre ces paroles que peu de gens remarquent : « Nous déclarons excommuniés tous ceux et » celles qui se serviraient de sortilége ou maléfice pour » empêcher l'effet du mariage que les parties présentes » vont contracter. » (Textuel). Y aurait-il donc des sortiléges qui auraient la puissance d'empêcher les effets du mariage religieux? S'il n'en existe pas, pourquoi l'excommunication?

Dans un temps plus près de nous que ceux dont je parlais plus haut, la maréchale d'Ancre fut brûlée comme sorcière. A la question qui lui fut posée sur l'influence qu'elle avait exercée sur Marie de Médicis, elle répondit : « Je me suis servie du pouvoir qu'ont » les âmes fortes sur les esprits faibles. »

Chez les anciens, Sanchoniaton attribuait la conservation de l'univers à un *esprit subtil* répandu dans l'air, animant les hommes et causant des *sympathies* et des *antipathies*. — Pythagore croyait à un *fluide* qu'il nommait *la force productrice de l'univers.*—Empédocle admettait un *esprit qui mettait tout en mouvement*, et croyait à l'amour et à la haine entre les parties matérielles des corps : c'étaient évidemment les modernes attractions et répulsions atomiques. — « L'éther de

» l'école ionienne d'Anaxagore et d'Empédocle était de
» nature ignée, un pur air de feu, rayonnant de lu-
» mière, doué d'une ténuité extrême et d'une éter-
» nelle activité. — Chez les philosophes hindous, l'é-
» ther, *âkâ'-sa*, est un fluide doué d'une ténuité in-
» corporelle, pénétrant le monde entier, source de vie
» universelle et véhicule du son. — La philosophie
» d'Aristote disait que la matière éthérée pénétrait
» tous les organismes vivants de la terre, les plantes
» comme les animaux. En elle résidait le principe de
» la chaleur vitale, et même le germe d'une essence
» spirituelle qui, distincte des corps, douait les hommes
» de spontanéité. Ces conceptions faisaient descendre
» l'éther des régions du ciel sur celui de la terre. Elles
» le montraient comme une substance extrêmement
» subtile, pénétrant sans cesse l'atmosphère et les corps
» solides, tout à fait analogue, en un mot, à l'éther
» d'Huyghens, de Hooke et de plusieus physiciens mo-
» dernes. » — Zénon et les stoïciens admettaient un
*air ardent, fluide infiniment délié, qui vivifiait la na-*
*ture.* Plotin, au iii<sup>e</sup> siècle, guérissait les malades *sans*
*remèdes*, par la sympathie ou l'antipathie naissant *de*
*la force magique de la nature.* — Pierre Pomponace
(Pomponazzi), en 1462, écrivait que « certains hommes
» ont une vertu inhérente de guérir, et peuvent opérer
» des cures par attouchement sans magie. » — Para-
celse proclame le système des sympathies, et ce fut
sur ses idées que furent imaginés *le sel de sang, la*
*lampe de vie, l'alphabet sympathique.* Peut-être la
boussole sympathique, annoncée il y a quelques années, n'était-elle qu'une conséquence de ces mêmes
idées qu'il faut bien se garder de repousser *à priori.*

4

Pour amuser le lecteur, j'entrerai ici dans quelques détails curieux. Selon le système des sympathies, on prétendait qu'en coupant sur le bras de deux personnes un lambeau égal de chair, et en les échangeant et les réappliquant sur les mêmes endroits, l'adhésion était prompte et la cicatrisation infaillible (cela ne fait pas de doute aujourd'hui); si alors et parallèlement on traçait en rond les caractères de l'alphabet sur ces lambeaux, lorsqu'on touchait avec un stylet ces caractères sur l'une des deux personnes, l'autre ressentait la piqûre au même endroit, quelle que soit la distance qui les séparât.

Thouret raconte qu'à Bruxelles, un habitant s'était fait faire un nez artificiel d'après la méthode Taliacot; l'opération avait parfaitement réussi, lorsqu'un jour ce nez greffé froidit, pâlit, pourrit et tomba. On apprit que sa chute venait de ce que le crocheteur de Bologne qui avait fourni la substance était venu à mourir, et que le lambeau en avait subi les conséquences. Vraie ou fausse, cette anecdote fournit à Voltaire l'occasion de la charmante plaisanterie suivante :

> Ainsi Taliacotius,
> Grand esculape d'Étrurie,
> Répara tous les nez perdus
> Par une admirable industrie.
> Il vous prenait adroitement
> Un morceau du cul d'un pauvre homme,
> L'appliquait au nez proprement;
> Enfin, il arrivait qu'en somme,
> Tout juste à la mort du prêteur,
> Tombait le nez de l'emprunteur;
> Et souvent dans la même bière,

Par justice et par bon accord,
On remettait, au gré du mort,
Le nez auprès de son derrière.


Virdig, en 1673, publiait à Hambourg un ouvrage
dans lequel il disait : « *Toute la nature est magnéti-*
» *que;* le magnétisme est la base du monde. Toutes les
» vicissitudes des choses d'ici-bas arrivent par son fait :
» c'est le magnétisme qui conserve la vie comme il
» détermine la fin de toutes choses. » William Maxwell,
médecin du roi d'Angleterre en 1679, écrivait : « Il
» émane de tout corps des rayons corporels qui sont
» autant de véhicules par lesquels l'âme transmet son
» action *en leur communiquant son énergie et sa puis-*
» *sance* pour agir, et ces rayons non seulement sont
» corporels, mais ils sont même composés de diverses
» matières. » « ..... On doit se proposer, dans tous les
» maux, de fortifier, multiplier, régénérer l'esprit vi-
» tal ; c'est ainsi qu'on parviendra facilement à guérir
» toutes les maladies. » Il avance plus loin « qu'on ne
» saurait douter qu'il puisse y avoir un remède uni-
» versel, car, en se fortifiant, l'esprit vital devient ca-
» pable de guérir toutes sortes de maladies. » — Robert Boyle (mort en 1691), l'un des génies dont s'ho-
nore la science, et particulièrement l'Angleterre, esprit
sérieux, grand mathématicien, grand observateur,
fondateur de la *Société royale de Londres,* admettait :
1º un fluide universel ; 2º une réciprocité d'action à
distance entre les corps organisés.

J.-B. Van Helmont, savant célèbre, né à Bruxelles
en 1577, est sans contredit un des hommes qui ont le
plus connu l'existence et la puissance du magnétisme,

et il est curieux de voir à quels tours ingénieux son génie se livra pour dépeindre ce qu'il comprenait si bien, mais que l'état des sciences à son époque n'avait pas encore permis de bien constater. Ce que les magnétiseurs aujourd'hui appellent *fluide*, Van Helmont le nommait *archée*. « Le magnétisme, disait-il, agit par » tout; il n'a rien de nouveau que le nom; il n'est un » paradoxe que pour ceux qui se moquent de .tout. » Parlant de l'influence que les corps exercent à distance les uns sur les autres, il l'appelle *magnale magnum*. « Ce n'est point, dit-il, une substance corporelle, » c'est-à-dire qui puisse être *condensée, mesurée, pesée* » comme les émanations des corps ; c'est un esprit » éthéré, pur, vital, qui pénètre tous les corps et agite » la masse de l'univers. » — Van Helmont divise l'homme en deux êtres distincts, qu'il nomme *l'homme intérieur* et *l'homme extérieur.* « Il y a, dit-il, des » extases miraculeuses ou des révélations faites à » l'homme intérieur ; mais l'homme extérieur, ou l'a- » nimal, a aussi des extases lorsque son imagination » est exaltée. *Alors il peut avoir le sentiment des objets* » *éloignés.* Une multitude d'exemples le prouvent. Or, » ce n'est point l'âme qui sort du corps, car, une fois » sortie, elle n'y rentrerait plus. Il y a donc une puis- » sance extatique qui porte sur les objets absents l'esprit » de l'homme intérieur ; elle y est en puissance, et » elle ne devient active qu'autant qu'elle est excitée » par une ardente imagination, par un violent désir » ou par quelque chose de semblable. » Après avoir établi une distinction entre *l'âme* et *l'archée*, parlant de la chute de l'homme, il dit : « Les effets de la » chute de l'homme ne se faisant pas autant sentir pen-

» dant le sommeil, il s'ensuit que dans cet état on peut
» être éclairé d'une lumière surnaturelle, et c'est ce
» qui explique les phénomènes étonnants que présen-
» tent les somnambules. Pendant la veille, les sensa-
» tions dont nous sommes continuellement affectés
» nous empêchent de discerner ces inspirations inté-
» rieures; et comme les facultés dont l'homme avait
» été doué primitivement sont engourdies, il faut un
» moyen extraordinaire pour leur rendre leur éner-
» gie. » Quoi de plus clair que cette explication antici-
pée et encore mystique du somnambulisme moderne !
Parlant de l'âme, il dit : « Mais si sa vertu magique
» se réveille, elle peut agir, *par sa seule volonté*, hors
» de sa demeure, sur des objets éloignés. »..... «... Les
» esprits analogues agissent les uns sur les autres : ainsi
» la femme enceinte, lorsqu'elle est frappée d'une
» chose, en imprime l'image sur le fœtus (1). Les es-
» prits, et en quelque sorte les essences de toutes cho-
» ses, sont cachés au dedans de nous, et la force de
» l'imagination leur donne naissance et les fait paraî-
» tre....... Lorsque cette entité idéale se répand au de-
» hors en esprit vital, elle n'a besoin que d'une légère
» excitation pour se porter au loin, *et exécuter ce qui*
» *lui est enjoint par la volonté.* » Tout à l'heure, je
montrais Van Helmont constatant les effets du somnambulisme; le voici maintenant nous initiant aux
vues à distance, tant contestées encore aujourd'hui. Par-

(1) « L'imagination de la femme, vivement excitée, produit une
» idée, et cette idée, qui a revêtu une substance intermédiaire
» entre le corps et l'esprit, se portant sur l'être avec lequel la
» femme a le plus de relations, y imprime l'image de ce qui l'a le
» plus affectée. » (*Le même.*)

lant de son entité idéale, qui, réunie à l'esprit vital, acquiert une existence intermédiaire entre ce qui est corporel et ce qui ne l'est pas, et se répand comme la lumière, il ajoute : « La volonté envoie et dirige cette » substance qui, une fois lancée, semblable à la lu» mière, et n'étant pas un véritable corps, n'est ar» rêtée ni par la distance ni par le temps. » — Mais plus j'avance, et plus je me sens pressé du désir de citer un homme qui, s'il n'a pas eu, comme MESMER, l'*honneur* de créer un système, a eu bien avant lui du moins celui de découvrir et d'énumérer non seulement toutes les vérités que MESMER a popularisées, mais aussi celles qui aujourd'hui sont considérées comme les résultantes de la découverte attribuée à ce dernier, c'est-à-dire, le somnambulisme avec tous les effets que lui attribuent les magnétiseurs modernes. MESMER connaissait-il les divers ouvrages que j'ai déjà cités ? Avait-il lu Van Helmont ? Il est permis d'en douter, puisqu'il n'a pas parlé de tous les phénomènes constatés par ce dernier, et qu'il paraît les avoir ignorés. Quoi qu'il en soit, il n'en a pas moins le mérite d'avoir fait sortir du chaos l'une des causes les plus étonnantes d'une foule de phénomènes encore généralement ignorés, et de lui avoir fait franchir le seuil des laboratoires ou cabinets des hermétistes, en la rendant publique.

« Dieu, dit Van Helmont, est la vie ; son esprit rem» plit l'univers, et tout ce qu'il a créé a reçu une por» tion de vie, une sorte de sentiment. C'est cet esprit » qui est la cause de la sympathie par laquelle l'action d'un » corps se pose de préférence sur un autre. Ainsi, lors» que nous attribuons ees sympathies aux propriétés » des corps, nous prenons l'effet pour la cause. » Qui ne voit, par la lecture de ce passage, que Van Helmont pressentait le fluide électrique, qui est venu lui donner si pleinement raison? N'est-ce pas toute son idée qui prévaut aujourd'hui, et que l'on professe pour l'enseignement des principes physiques et même chimiques? Que les modernes aient trouvé les moyens de produire l'effet, il n'en est pas moins vrai que Van Helmont l'avait annoncé bien longtemps avant eux. — « La force ma» gique, qui a pour principe la vie, se montre dans les » animaux ; ils ont la puissance de produire une entité » réelle, et de l'envoyer au loin par la volonté. C'est » ce qui explique l'action des chiens, du basilic, de » plusieurs poissons, etc. » Que disent de plus les partisans du magnétisme? Évidemment, ils ne sont que les continuateurs de l'œuvre si habilement commencée par de tels devanciers.

« J'ai différé jusqu'ici de dévoiler un grand mystère : » c'est qu'il y a dans l'homme une énergie telle, que, » par sa seule volonté et par son imagination, il peut » agir hors de lui, et imprimer une vertu, exercer une » influence durable sur un objet très-éloigné..... Cette » puissance, que nous avons d'agir hors de nous par » notre seule volonté, est sans doute incompréhensi» ble ; mais concevons-nous mieux comment notre vo» lonté agit sur nos propres organes, comment elle » remue notre bras? L'union de l'âme et du corps, » l'action de l'un sur l'autre sont des phénomènes dont » la cause est impénétrable. Cependant, si nous réflé» chissons sur notre origine, le raisonnement nous » prouvera d'abord ce qu'il nous est facile de constater » par l'expérience. »

Van Helmont affirme que, par la force seule de no-

tre volonté, nous pouvons donner à certains corps une vertu que d'ailleurs ils ne possèdent pas naturellement, et que, par la communication qu'ils font de certaines propriétés, ces corps deviennent susceptibles de produire des effets salutaires. Les magnétiseurs modernes ont assez prouvé ce fait, lorsqu'avec un mouchoir, un verre lenticulaire et une foule d'autres objets magnétisés, ils ont, à distance et sans concours direct, provoqué ou fait disparaître des crises, guéri des malades, calmé des douleurs, etc.; et la facilité avec laquelle les somnambules diagnostiquent sur les maladies de personnes inconnues, absentes, éloignées, au moyen d'une simple mèche de leurs cheveux ou d'objets imprégnés de leur fluide vital, sans jamais s'éloigner de l'exactitude, démontre assez que l'assertion de Van Helmont est parfaitement fondée. Quoi qu'il en soit, les effets qu'il avait constatés étaient tellement extraordinaires, qu'il ne doutait pas que l'esprit de son siècle ne les attribuât au malin esprit, à Satan, selon l'habitude consacrée des temps reculés de tout attribuer ce que l'on ne comprenait pas à l'influence du génie du mal; aussi, en terminant son œuvre, s'empresse-t-il de déclarer qu'il est catholique romain, puis il ajoute : « Les ef-
» fets naturels ont été créés par Dieu; ce sont des dons
» qu'il a faits à ses créatures. Quiconque les attribue
» au démon, dérobe à Dieu l'honneur qui lui est dû et
» le transporte à Satan, ce qui est une véritable ido-
» lâtrie. »

Les quelques citations qui précèdent, dont la plupart ont été faites avant moi par tous ceux qui ont écrit sur le magnétisme, et notamment par M. A. Teste, dont j'ai déjà cité l'un des ouvrages; ces citations, dis-je,

suffisent à démontrer que, si cette branche des connaissances humaines semble ne dater que du moment
de l'apparition du système de MESMER, elle n'en existait pas moins dès les temps les plus reculés; et nous
ne devons attribuer l'ignorance dans laquelle est resté
le public à cet égard, qu'à l'espèce de mysticisme qui
entourait toujours les ouvrages de nos aînés, mysticisme qui faisait que seuls les initiés pouvaient les comprendre. Puis, comme il s'agissait, dans l'espèce, d'effets dont la cause ne pouvait alors être rendue physiquement sensible, ceux qui possédaient ces connaissances étaient considérés comme des illuminés, des
sorciers, des insensés, des fous, etc. Le temps n'est pas
éloigné, je l'espère, où toutes ces prétendues aberrations d'esprit d'hommes de génie seront enfin classées
parmi les révélations scientifiques les plus considérables, et paraîtront d'autant plus extraordinaires, que le
temps de leur apparition s'éloignera plus de nous.

Dans l'examen rapide que j'ai fait de l'Éloge de
BAILLY par M. ARAGO, j'ai touché légèrement cette
partie de la physique qui a rapport à l'électricité et au
magnétisme minéral. Si je ne suis point alors entré
dans plus de détails, c'est que, d'une part, mon analyse
avait des bornes que je ne pouvais convenablement dépasser, et que, d'une autre, mes connaissances en physique ne s'étendent pas assez loin pour pouvoir, comme
je le voudrais, poursuivre la question sur ce terrain,
qui, pourtant, j'en suis sûr, serait fertile en arguments
favorables à mon sujet. Quoi qu'il en soit, et malgré
mon incapacité, que je ne crains pas d'avouer humblement, je ne crois pas inutile de revenir sur ce point
de mon examen, dans l'espoir, que je crois fondé, que,

4*

si je ne puis assez élucider la question, d'autres plus habiles et plus heureux pourront s'en emparer au même point de vue, et lui faire faire un pas, si tant est que je sois sur la bonne voie. Je crois que les idées que je vais émettre n'ont jamais été exprimées par personne avant moi. Si elles l'ont été, je n'en ai nulle connaissance ; c'est ce qui m'enhardit à leur donner le jour.

Le lecteur a vu plus haut Sanchoniaton reconnaissant l'existence d'un *esprit subtil ;* Pythagore, *un fluide universel ;* Empédocle, *un esprit, air ardent, fluide moteur ;* Virdig, Maxwell, Robert Boyle, *une émanation corporelle créant des sympathies et des antipathies, et susceptible d'opérer des cures ;* Pyrrhus, Asclépiade, les thaumaturges, etc., etc., *guérissant les malades par attouchement ;* Van Helmont, dont je n'ai pas besoin de rappeler les citations qu'on vient de lire, etc., etc. Pour les hommes sérieux, tous ces faits sont bien de nature à fixer l'attention, car, si ce n'est pas encore la définition d'un principe, c'est du moins l'indication évidente de son existence positive. Mais, sans doute, les savants diront que, s'il est possible d'admettre le génie de ces hommes comme précurseur d'une découverte future, il ne faut pas l'étendre à ce qu'ils n'ont pas encore, eux, consenti à admettre. Or, à cela il est facile de répondre, qu'avant la constatation par les savants de l'existence du fluide magnétique minéral et du fluide électrique, la même objection pouvait être faite avec tout autant de justice, ce qui n'aurait rien fait, sinon que retarder cette constatation des faits ; résultat que, précisément, ils parviennent à produire à l'occasion du magnétisme animal.

Après la découverte de l'électricité, nul ne supposait encore la possibilité d'établir des appareils pouvant générer à volonté ce fluide, que, plus tard, on divisa en deux états, le positif et le négatif. Alors, vinrent Volta et Galvani, qui produisirent une nouvelle révolution, à laquelle nous devons aujourd'hui nos télégraphes électriques, et qui promet bien autre chose pour l'avenir.

D'après des résultats obtenus dans ses nombreuses expériences, Ampère avança, comme hypothèse, que le fluide électrique lui paraissait être le même principe, à un état différent, que le magnétisme minéral : cette hypothèse le rapproche certainement beaucoup des écrivains de l'antiquité que j'ai cités plus haut; mais l'hypothèse d'Ampère est maintenant admise par les physiciens eux-mêmes, et c'est en partant de ce principe qu'ils ont imaginé la machine électromagnétique. Que l'on me dise s'il n'y a pas la plus grande analogie entre les phénomènes annoncés comme effet du magnétisme animal et ceux produits par les courants magnétiques et électriques, les corps bons ou mauvais conducteurs ou répulseurs, les bons ou mauvais générateurs; les actions plus ou moins énergiques, soit en conséquence des générateurs, soit à cause de l'état des conducteurs, soit en raison des courants favorables ou contraires, soit, enfin, eu égard aux courants d'induction, et une foule d'autres que je ne saurais consigner ici? Ici, comme là, les choses se passent sensiblement de la même manière, et puisque, pour produire ces effets, on n'emploie ni électricité, ni aimant, il faut bien admettre que la cause est ailleurs.

L'hypothèse d'Ampère, ai-je dit, a été adoptée par les physiciens, et elle est aujourd'hui professée dans les écoles. Mais on ne s'est pas arrêté là. On a voulu connaître les effets de la chaleur sur les courants que l'on nomma thermo-électriques, et M. Becquerel est venu démontrer que la chaleur avait un effet réel et puissant sur ces courants. On en vint alors à se demander si la chaleur seule ne pourrait pas produire ces courants, et M. Seebeck prouva l'affirmative d'une façon incontestable. Voici donc maintenant qu'il est bien constaté, et je dis bien constaté, parce que cela l'est par les physiciens, que l'aimant, l'électricité et le calorique produisent, dans des cas donnés, des effets identiques. Qu'en conclure ? Le lecteur l'a déjà deviné : que, de même qu'Ampère supposait que l'électricité et l'aimant étaient un seul et même principe à divers états, l'on suppose aujourd'hui qu'aimant, électricité et calorique ne sont qu'un en principe, mais à des états modifiés. On le voit, plus nous marchons et plus nous arrivons à donner raison à ces illuminés, à ces rêveurs, à ces fous dont j'ai parlé plus haut. Seulement, nous n'avons pas eu assez de jugement pour comprendre leurs œuvres, nous les avons huées ; et, quand des siècles plus tard, la vérité nous crève les yeux, nous faisons honneur de sa découverte à un contemporain qui aurait pu s'éviter tout son travail en lisant les anciens.

Si donc il ne paraît pas absurde de dire qu'aimant, électricité, calorique sont un seul et même principe, ce qui revient à admettre presque *l'esprit vital* ou *subtil* de Sanchoniaton, le sera-t-il de dire que, lorsque, par ce que nous appelons *magnétisme animal*, nous produisons des effets analogues à ceux ci-dessus, nous pensons aussi que ces effets ne sont que les résultats d'un fluide différent d'état, mais ayant le même principe?

Les physiciens attribuent tous les phénomènes physiques, chimiques ou autres à trois causes premières : 1° *la vie*, 2° *l'attraction universelle*, 3° LES FLUIDES IMPONDÉRABLES. Ces derniers sont : *le calorique, le magnétisme, l'électricité, la lumière.* Si nous consultons leurs ouvrages élémentaires, nous y lisons : « Ces di-
» vers agents ne sont probablement pas tous distincts
» les uns des autres. L'ensemble des faits naturels tend
» à prouver que le calorique et la lumière sont deux
» modifications d'un même principe ; que le magné-
» tisme et l'électricité ne diffèrent pas non plus l'un de
» l'autre. *Beaucoup de physiciens pensent même* que les
» progrès de la science conduiront à démontrer l'iden-
» tité des agents, et à les réduire à un seul. » (PINAUD,
*Physique*, 6ᵉ édit., 1851, pag. 4.) — Voyez-vous, lecteur, comme, plus les savants avancent, plus ils recu-
lent vers ceux dont ils se sont tant moqués, vers ces
fous et ces illuminés ! Croyez-vous qu'il y ait bien loin
de ces aveux à la reconnaissance du *fluide universel,* de
*l'air ardent,* de *l'archée,* etc., etc., de tous nos auteurs
répudiés ? Allons, encore quelques pas, messieurs de la
science, et vous finirez par trouver..... l'Amérique, qui
fut découverte, vous le savez peut-être, par *Améric
Vespuce,* dont elle porte le nom; mais, pardon, je me
trompe, ce fut par *Christophe Colomb,* que l'on dépouille
audacieusement. Courage donc, messieurs, et, grâce à
votre tactique, vous finirez par être les *Améric Vespuce
du magnétisme animal,* auquel, comme une faveur, vous
donnerez aussi votre nom. Si vous avouez que calorique et lumière sont un même principe, et qu'élec-

tricité et aimant ne diffèrent pas, comme vous avez par vos expérimentations prouvé que calorique engendre courant électrique ou thermo-électrique, vous avez prouvé que quatre ne font qu'un, c'est-à-dire que les quatre variétés appartiennent au même principe; mais pourriez-vous affirmer qu'il n'en existe pas un cinquième que vous ignorez encore, et que nous nommons *magnétisme animal?* Vos assertions admises, vous le voyez, donnent tour à tour raison à toutes les autorités que j'ai citées; car, si vous dites que les quatre agents que j'ai désignés ne sont qu'un même principe, comme vous ne pouvez admettre qu'il soit un seul endroit où ce principe ne se trouve à l'un ou l'autre de ses états, vous aurez donné raison à Virdig, qui vous disait : *Toute la nature est magnétique.*

J'ai cité ailleurs un passage de Newton, qui admit, faute d'expression plus claire et plus explicite, l'attraction universelle, qu'il faisait dépendre d'un principe supérieur non défini. Nos physiciens modernes en ont-ils dit davantage? Ne disent-ils pas : « La cohésion ou » l'adhérence des molécules dans les corps solides, la » répulsion mutuelle des particules dans les gaz, les » changements d'état, enfin toutes les actions réci- » proques que les corps peuvent exercer les uns sur » les autres, *prouvent qu'en dehors de la matière, il* » *existe quelque chose qui agit sur elle pour la mouvoir* » *et la modifier.* Tout ce qui peut agir ainsi sur les » corps, leur imprimer des mouvements, leur faire » subir des modifications quelconques, en un mot » produire des phénomènes, *est une force* ou *un* » *agent.* » (PINAULT, 1851, 6e édition.) Si donc, malgré tous les ridicules que l'on a tâché de jeter sur les hommes célèbres de l'antiquité, ils n'ont eu que le tort de voir la vérité plus tôt que nous, ne serait-il pas prudent de ne pas nier effrontément un fait avancé avec conviction, par la seule raison qu'on ne le comprend pas?

Je pose donc comme hypothèse, sauf à démontrer le fait ultérieurement, que, magnétisme minéral, électricité, calorique, lumière, magnétisme animal sont un seulet même principe à différents états.

Lorsque je fais cette assimilation, j'ai pour moi l'évidence; car, sans parler de nouveau des quatre premiers, dont les effets identiques dans des cas donnés sont reconnus des physiciens, je sais, et ces derniers ne nient pas, que, par le magnétisme, des effets tout à fait semblables se produisent. De cette similitude dans les effets, certaines personnes concluent que ce que les magnétiseurs appellent *fluide magnétique* n'est autre chose que l'électricité mise en mouvement. Je pourrais me contenter de cet aveu, et répondre que, si cela démontre que l'homme est une machine électrique, et qu'en se servant des pôles avec discernement, il peut produire les effets d'une machine ou d'une pile, c'est là un fait immense. Mais cela ne me suffit pas. Je reconnais bien l'analogie qui existe entre certains effets électriques et magnétiques; mais cette analogie n'est pas telle, que l'on puisse obtenir par l'un les mêmes effets exactement que par l'autre. Ainsi, l'électricité ne peut causer le froid ou la chaleur, et les savants ont admis ces effets du magnétisme, que, du reste, il serait ridicule de nier. Le fluide électrique ne produit jamais, que je sache du moins, le sommeil qui résulte souvent du magnétisme; il ne détermine pas le somnambulisme ; il n'a jamais produit de crises semblables à celles décrites par les savants de 1784 ; il ne détermine pas *à volonté* l'état cataleptique, faculté qu'on ne dénie pas au magnétisme. De son côté, si le fluide magnétique se transmet par des conducteurs comme l'électricité, il n'est pas à ma connaissance qu'il produise de commotions semblables à celles de cette dernière. Qu'il partage les deux états distincts de positif et négatif comme elle, cela me semble peu douteux, puisque certains êtres sont apparemment insensibles à son action, d'autres la ressentent peu, et d'autres encore en sont violemment affectés, effet qui semble résulter de la différence des corps qui constituent *la pile magnétique animale*, ou de celui des corps qui sont soumis à son action. En effet, deux morceaux de fer ne forment pas de pile électrique ; l'or et l'argent en font une trèsfaible ; le cuivre et le zinc forment la plus forte. Pourquoi n'en serait-il pas de même de la différence qui existe entre les constitutions des hommes? Pourquoi, quand un magnétiseur agit, ne serait-il pas susceptible de lancer plus de fluide positif que de négatif, et *vice versâ?* Il n'y a donc pas lieu de s'étonner de ces irrégularités dans les effets observés par les savants. Ces irrégularités étaient inévitables du moment où les éléments formant la pile, ou n'étaient pas les mêmes, ou bien n'étaient pas au même état. On doit aussi s'expliquer maintenant qu'il y eût plus de femmes que d'hommes affectées dans les expériences de 1784, puisque zinc, fer et argent, qui sont tous des métaux, comme tous les corps humains sont des animaux, ne produisent pas les mêmes effets entre eux. De plus, nous savons que, pour beaucoup de somnambules, la soie est répulsive du fluide, et ne leur communique rien, tandis que, pour d'autres, elle est d'une grande puissance conductrice. C'est ainsi que, lorsqu'un sujet éprouve de la répulsion pour un foulard, un autre s'en empare avec avidité, et s'en trouve bien ou se guérit. Il semble résulter de là que l'un a besoin du magnétisme positif, tandis que l'autre réclame le négatif. Ce qui a paru d'abord inexplicable devient donc parfaitement intelligible. J'ajouterai que, comme le moteur principal du fluide magnétique est *la volonté*, les effets qu'il produira seront plus ou moins affectés par la volonté contraire ou favorable des spectateurs, effet qui n'a pas lieu avec l'électricité, mais qui pourtant se produirait si, par *la volonté* et la force, des spectateurs empêchaient la machine électrique de tourner. Il manque, pour arriver à une conclusion positive sur ce que je viens de dire, des recherches que je n'ai pas faites encore, mais que je me propose de faire, et dont je constaterai les résultats dans la partie de ce travail destinée aux expériences. Il serait inutile d'énumérer les moyens que je me propose d'employer : les magnétiseurs qui me liront en savent assez pour se guider dans une série fort étendue d'expérimentations.

Partant de l'idée que je viens d'émettre, de la similitude existant entre l'électricité et le magnétisme animal, quoique différant entre eux, j'ai donc conclu que les animaux étant, comme le globe sur lequel ils reposent, des récipients de ces fluides, il y aurait avantage à les mettre en mouvement, et surtout à les diriger à volonté dans un sens ou dans l'autre. La physique, la physiologie et la thérapeutique m'ont paru être, en cette circonstance, étroitement liées l'une à l'autre, et alors je me suis dit : *L'homme est électro-magnétique ; il peut produire, il produit des courants dans des cas donnés.* Ceci posé, il ne fallait plus qu'imaginer des moyens d'expérimenter. Malgré moi alors, je me suis vu reporter au système de MESMER, et je n'ai pas tardé à comprendre que, si son *baquet*, dont on a tant ri, était une idée erronée, ce qui est physiquement possible et explicable même par le magnétisme, sa chaîne de sujets magnétisés devait avoir une puissance d'autant plus énergique, que les personnes qui la formaient étaient nombreuses, et qu'elles étaient dans un état électro-magnétique différent, positif et négatif. C'est effectivement ce qui résulte de toutes ses expériences ; et l'inégalité des effets ressentis s'explique d'elle-même par l'état respectif des individus composant la chaîne.

Si les corps des animaux sont électro-magnétiques, la pile qu'ils peuvent former devra avoir d'autant plus d'énergie qu'ils seront mieux isolés du grand réservoir commun, la terre, soit au moyen d'un corps résineux, soit par un corps vitré. C'est là une observation qui paraît n'avoir pas été faite par MESMER, qui, sans cela, en eût tiré bon parti.

Grâce aux expériences de l'immortel LAVOISIER, nous savons que l'eau est composée d'oxygène et d'hydrogène, et nous connaissons les proportions de l'un et de l'autre dans sa composition. C'est l'électricité qui lui a fourni les moyens d'arriver à cet important résultat, et il a démontré qu'alors que l'oxygène se rendait à l'un des pôles de la pile, l'hydrogène, procédant en sens contraire, se rendait au pôle opposé. Ce fait étant d'une incontestable vérité, il n'est pas moins vrai que le sang des animaux contient une partie liquide, le *sérum*, dont la base est de l'eau. Or, si le sang contient de l'eau, si l'eau est décomposée par l'électricité, et conséquemment modifiée, elle peut et doit l'être par le fluide magnétique identique.

J'imagine, pour des expériences dignes des hommes de l'art et des sciences, une baignoire pour bains de pieds, composée de deux compartiments séparés et réunis par une anse en métal, l'un des compartiments fait de zinc, l'autre de cuivre. Cette baignoire sera de toute nécessité une pile; elle doit être isolée. J'imagine alors un malade debout, un pied dans l'élément positif, et l'autre dans l'élément négatif. Plus l'eau placée dans l'appareil sera chaude, plus l'action sera énergique, selon la théorie des courants thermo-électriques. Il paraît évident qu'un courant considérable s'établira en sens contraire, et que le corps lui servira de passage et formera le circuit. Tandis donc que le courant positif partira d'un pied pour se rendre à l'autre, le courant négatif, partant du pied opposé, se portera sur le premier. Quel effet un tel phénomène causera-t-il sur le sang? N'y aura-t-il pas plus d'oxygène porté d'un côté quand l'hydrogène s'accumulera sur l'autre? Qu'il y ait effet produit, cela ne me paraît pas douteux. On comprendra aisément que les appareils peuvent varier *ad libitum*, et présenter les pôles positif et négatif alternativement des pieds à la tête, ou de la main gauche à la main droite, et *vice versa*. Que se passerait-il si, placée dans une baignoire en zinc, une personne touchait par la tête ou les mains les robinets en cuivre qui conduisent l'eau? Je n'ai pas besoin de dire que toutes ces expériences n'ont pas été essayées par moi. Ce qui précède suffit pour faire comprendre que ce ne sont que de simples suppositions que me suggère le raisonnnement : le fait peut donc aussi bien me donner tort que raison.

J'en étais là de mon travail et de la description de mes idées, que déjà j'avais communiquées, avant de les écrire, à plusieurs personnes éclairées de ma connaissance, et que même j'avais émises publiquement, lorsque parut dans les journaux la fameuse découverte que les Américains ont appelée *the table moving*, les tables tournantes. Cette découverte, si les faits annoncés se vérifient réellement, vient donner une confirmation éclatante à mes opinions ; et de même que, par la force seule du raisonnement et du calcul, Leverrier a annoncé une planète, sa situation, ses périodes, etc., laquelle a été vue par les instruments d'optique qui ont confirmé son hypothèse, de même un fait tout matériel, incompris peut-être de ses auteurs, est venu donner raison à toutes mes conjectures sur le fluide magnétique, ses effets encore inconnus, et sa transmission analogue à celle de l'électricité par le moyen seul de la volonté. On n'est pas encore assez avancé dans cette voie pour avoir reconnu les deux pôles de la pile humaine, mais l'esprit, éveillé sur ce que ces faits ont de merveilleux, ne tardera pas à trouver ce qui est de toute nécessité un fait ; alors peut-être ce fluide, qui *n'existe pas* selon les savants, prendra sa place au rang des réalités les plus étourdissantes.

Je n'ai pas expérimenté cette motion des tables, à laquelle pourtant je suis d'autant plus disposé à croire qu'elle confirme mes idées et qu'elle m'a été affirmée par des personnes en qui j'ai foi ; et voici pourquoi : Je suis du plus grand scepticisme, et ce n'est même qu'à force de scepticisme que je suis devenu magnétiseur. Or, dans l'expérience de la table tournante, il peut arriver que, malgré la confiance que l'on peut avoir dans les personnes auxquelles on se joint, il s'en trouve une ou plusieurs qui se plaisent à se jouer de la crédulité d'une autre, et, partant, rien pour moi ne saurait être concluant. Il faudrait que l'on pût expérimenter avec toutes personnes ignorant ce que l'on essaie et les effets ou phénomènes que l'on cherche à produire, et cela est aujourd'hui difficile ; puis, il y a contact entre l'expérimentateur et les objets soumis à ses essais, ce qu'il ne faudrait pas pour convaincre. On le voit, je recule autant qu'il est en moi devant la constatation des faits avancés, et j'oppose d'avance les raisons qui retardent ma conviction, quand pourtant il est si doux de se donner raison. Mais si j'éprouve une certaine répulsion pour des expériences qui ne me paraissent pas suffisamment convaincantes, il n'en est pas de même de toute autre qui, ne présentant pas le même caractère, amènerait le même résultat. Voici donc une expérience que j'avais l'intention de ne décrire que plus tard, mais que les circonstances me conduisent à faire connaître maintenant.

Afin d'être convaincu que l'homme était à volonté *magnétique*, j'ai essayé de l'effet du fluide sur un objet isolé. J'ai donc imaginé de placer de l'eau dans un vase quelconque, soit, par exemple, un verre. Quand l'eau est sans mouvement et parfaitement tranquille ; je dépose à sa surface, horizontalement ( en la tenant à une très-faible distance ), une aiguille à coudre longue et fine, bien sèche. Cette aiguille surnage. J'attends qu'elle soit fixe et immobile. Alors, appuyant mes deux mains sur deux points fixes, je dirige obliquement l'indicateur de la main droite vers la pointe de l'aiguille de droite à gauche sans la toucher, et l'indicateur de la main gauche vers l'œil de l'aiguille, aussi obliquement de gauche à droite sans la toucher, en émettant la volonté énergique d'imprimer à cette aiguille un mouvement de rotation. En quelques secondes, l'aiguille obéit à un courant, et, alors que la pointe s'éloigne de l'indicateur de la main droite, l'œil s'éloigne de l'indicateur de la main gauche. Si je renverse l'expérience, et que je dirige l'indicateur droit sur l'œil et le gauche sur la pointe, l'aiguille subit un refoulement qui combat le premier mouvement d'impulsion, puis s'arrête, et bientôt prend son cours de rotation en sens inverse du premier. Répété à satiété, ce procédé ne manque jamais. Or, ici point de tromperie, point d'illusion. L'aiguille tourne sur l'eau, et personne ne touche ni l'eau, ni l'aiguille. Aucun commérage n'est possible ; le fait est donc constant. Quelque chose émane de mes doigts à ma volonté, qui met en mouvement un corps inanimé que je ne touche pas ; j'agis en dehors de moi ; ma volonté va plus loin que le bout de mes doigts, elle se projette à distance (1).

Voilà, ce me semble, un immense pas de fait.

Lorsque j'écrivais ce qui précède sur les états *positif* et *négatif* du fluide magnétique, je n'avais pas près

(1) Je suppose qu'une volonté énergique, dirigée magnétiquement sur l'aiguille aimantée, parviendrait à la faire dévier, surtout si cette aiguille est dépourvue de son couvercle de verre ordinaire.

de moi le somnambule remarquable avec lequel je fais mes expériences ; il était absent. Il vient de rentrer de voyage, et, dans une courte séance, j'ai voulu examiner cette intéressante question. J'en ai obtenu des réponses étourdissantes de clarté, confirmant toutes mes prévisions, affirmant que tel magnétiseur était à l'état positif, tel à l'état négatif, enseignant le moyen de reconnaître l'un et l'autre. Même état dans les somnambules. Il alla jusqu'à m'indiquer les effets que produirait sur lui la soie dans tels ou tels cas, etc., faits très-positifs ; il désigna les pôles de la machine humaine et fit la distinction des fluides. Quelque curieux que cela soit, ce n'est pas ici le lieu de le traiter, puisque cela ressort de l'expérimentation, et que j'ai destiné un chapitre à ce sujet. J'y renverrai donc le lecteur, sûr qu'il ne perdra pas pour attendre.

Je ne crois pas devoir pousser plus loin mes dissertations sur le premier chapitre du *Magnétisme animal devant les savants*. Je crois que, par ce qui précède, le lecteur a suffisamment compris qu'attaqué par tous les académiciens, par tous les médecins, par la magistrature elle-même qui ne se fit pas faute de condamner des innocents sous de faux prétextes, le magnétisme, par la seule force de son existence et la foi ardente des chercheurs, a triomphé des plus grands obstacles ; que le talent n'a pas suffi aux académiciens pour éteindre cette vérité qu'ils essayaient d'assassiner tout en affirmant qu'elle n'existait pas. Le lecteur a dû voir, en effet, tout ce que présente d'illogique et de mauvaise foi le rapport de 1784, alors seulement qu'on le compare à lui-même. Il a vu que M. ARAGO, qui

approuve ceux qui ont dit que *le fluide n'est pas*, ou-
bliant également la logique, dit qu'il croit au sommeil, au somnambulisme, et que cette science n'en est
plus au même point qu'alors, ce qui revient à dire que
M. ARAGO se flagelle lui-même; ce qui serait un grand
courage si cela était avoué franchement, mais ce qui
ressemble singulièrement aux moyens d'Escobard
par la manière adroite et dissimulée dont l'aveu est
fait. Il n'a pas dû échapper non plus que le magnétisme, loin d'être en opposition avec la physique,
comme le prétendent les savants, se trouve, au contraire, expliqué et confirmé jusque dans ses plus étonnantes irrégularités par celles tout à fait identiques de
cette science dans des cas semblables; que les effets
magnétiques présentent toujours le même résultat dans
le même cas, mais, par la même raison, varient avec
les agents et leurs différents états. Le lecteur a vu également que MESMER n'a été que le divulgateur d'un
système, mais que toute l'antiquité connaissait le magnétisme et en pratiquait une partie; que, si le baquet
de MESMER était une erreur, sa chaîne de personnes
est une vérité. Il a remarqué aussi qu'un savant du
plus grand mérite, *un seul* sur tant de milliers, n'a
pas craint d'affirmer une vérité qui blessait tous ses
confrères et tout son siècle; il a vu le rapport de DE
JUSSIEU, que je rappellerai à dessein afin de lui rendre
un éclatant hommage.

A cette consolation pour les magnétiseurs vient aujourd'hui se joindre la décision de l'Académie des Sciences morales et politiques, qui, dans le doute et presque dans la croyance, a mis le sujet au concours.
— Enfin, la nouvelle découverte américaine vient con-

firmer ce que disaient les magnétiseurs de l'effet du
fluide même sur les objets inanimés, et, par conséquent, privés d'imagination. Si tout cela est vrai, et,
de plus, si cela est évidemment prouvé, — car il ne
suffit pas que cela soit une vérité ; — si les savants
sont forcés de venir se briser contre les faits qu'encore
ils essaieront de nier ou de défigurer, j'en conclus que
*le procès du magnétisme animal contre la science est
gagné.*

Lecteur, pitié pour l'ignorance !

FIN DU MAGNÉTISME ANIMAL DEVANT LES SAVANTS.